U0161394

海洋资源开发系列丛书

国家重点研发计划　国家自然科学基金　陵水半潜式生产储油平台
"深海一号"专项研究成果

浮式设施随机系统建模与韧性评估理论
——以系泊和立管安全为例

余　杨　吴静怡　编著

天津大学出版社
TIANJIN UNIVERSITY PRESS

图书在版编目（CIP）数据

浮式设施随机系统建模与韧性评估理论：以系泊和立管安全为例 / 余杨, 吴静怡编著. -- 天津 : 天津大学出版社, 2024.2

（海洋资源开发系列丛书）

国家重点研发计划　国家自然科学基金　陵水半潜式生产储油平台"深海一号"专项研究成果

ISBN 978-7-5618-7679-4

Ⅰ. ①浮… Ⅱ. ①余… ②吴… Ⅲ. ①浮式建筑物－随机系统－系统建模－评估②浮式建筑物－韧性－评估 Ⅳ. ①P754

中国国家版本馆CIP数据核字(2024)第046941号

出版发行	天津大学出版社	
地　　址	天津市卫津路92号天津大学内（邮编：300072）	
电　　话	发行部：022-27403647	
网　　址	www.tjupress.com.cn	
印　　刷	北京盛通数码印刷有限公司	
经　　销	全国各地新华书店	
开　　本	787mm×1092mm　1/16	
印　　张	12.75	
字　　数	318千	
版　　次	2024年2月第1版	
印　　次	2024年2月第1次	
定　　价	59.00元	

本书编委会

主　任　余　杨　吴静怡

主　审　余建星

委　员　李振眠　段庆昊　吴凡蕾　常雪莹
　　　　潘　宇　杜思艺　张文豪　吴海欣

前　言

我国油气增量主要来自南海深海开采,深水浮式平台是其主要开采方式,而南海是世界最难开发的区域,具有台风、海啸等挑战。为保证油气开发的安全可靠,在现有规范对系泊鲁棒性、完整性规定的基础上,本书引入了韧性理念,聚焦深水系泊及立管突发失效事件,构建韧性评估框架,以应对气候变化、复杂灾害环境等对系统性能的挑战。作者在参考国内外现有资料的基础上,将编写组所完成的国家重点研发计划"深海立管系统全生命周期安全性评估技术研究"、国家自然科学基金面上基金课题"半潜式平台系泊失效韧性评估与性能恢复研究"、国家自然科学基金青年基金课题"局部系泊失效下深海张力腿平台响应特性与鲁棒性优化研究"、工信部高新技术船舶科研项目"深水半潜式生产储卸油平台钢悬链立管总体在役安全与验证技术研究"和陵水半潜式生产储油平台"深海一号"专项"超深水大气田开发工程关键技术及应用"的相关研究成果反映在本书中,希望能够为提高深水浮式平台的安全运维及防灾减灾能力提供参考和借鉴。

本书系统阐述了韧性评估的基本理念及评估方法,聚焦于深水结构的局部结构失效,密切结合深水半潜式平台、张力腿平台等实用工程结构开展理论实践及工程化应用,编写过程中力求便于工程应用,紧密结合海洋工程实际。本书共9章,第1章介绍了韧性评估的基本理念及研究现状;第2章介绍了深水结构失效响应分析的基本理论;第3~7章针对局部系泊失效下的深水浮式平台,考虑灾后不同阶段特征及系统内外部的多种不确定性,以多状态动态建模方法为基础,开展失效及恢复过程等多阶段,技术、组织、经济等多维度的韧性理论及应用研究;第8、9章针对深水立管的失效进行响应分析,并结合动态贝叶斯网络开展韧性评估研究。

本书由余杨、吴静怡等共同编写,余建星审核并作技术把关。感谢作者研究团队为本书做出的贡献,他们是李振眠、段庆昊、吴凡蕾、常雪莹、潘宇、杜思艺、张文豪、吴海欣等。编写过程中,得到了天津大学建筑工程学院深水结构实验室师生们的支持、鼓励和帮助,作者在此表示衷心感谢!

本书在编写过程中,参阅了国内外专家、学者关于土木与海洋工程韧性评估相关的大量著作和论述;在出版过程中,得到了天津大学出版社的大力支持,在此表示感谢!

本书虽经作者所在课题组多年实践,但限于作者水平和时间因素,书中难免存在疏漏之处,敬请各位专家、读者惠予指正。

2024 年 1 月
于北洋园

目　　录

第1章 韧性评估研究进展

1.1 研究背景及意义

随着我国工业化进程的发展,油气需求高速增长,但油气生产能力不足,资源大量依赖进口,原油和天然气的对外依存度分别接近 80% 和超过 40%(图 1-1)。我国幅员辽阔,拥有丰富的油气资源。其中,南海海域有 40 万亿 m³ 天然气及 200 亿 t 石油蕴藏量,油气总资源量相当于全球储量的 12%,约占中国石油总地质资源量的 1/3。南海超过 70% 面积的海域属于深水,随着陆地和浅海油气开发增量逐渐减少,未来主要增量来自深海。

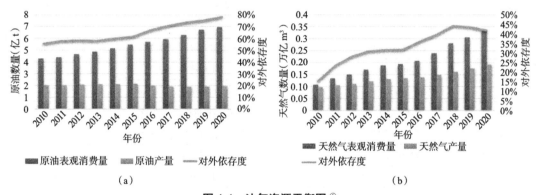

图 1-1 油气资源平衡图 [①]
(a)原油平衡图 (b)天然气平衡图

海洋装备研发是深海开发的关键问题,近半个多世纪以来,石油天然气资源的开发逐步走向深海地区,部署了越来越多的大型复杂浮式结构系统。随着海洋平台作业水深不断增加,系泊系统发挥着越来越重要的作用,系泊系统的重要作用是能够保持浮体结构在位状态,以安全地执行钻井、生产、装卸、风力发电等各种作业。海洋立管也是深海开发装备的重要组成部分之一,是连接海底油气资源和海上平台的重要桥梁,同时也是深海浮式平台装置服役环境最为恶劣的部分之一。在疲劳、极端海况、磨损、腐蚀、微生物作用等多种风险因素作用下,结构失效已成为浮式系统的常见事故之一,表 1-1 为全球范围内部分失效事故(具体事故描述可见附录 1)。根据 1980—2001 年的历史数据,半潜式钻井平台、半潜式生产平台及浮式生产储卸油装置(Floating Production Storage and Offloading, FPSO)大约每 4.7 年、每 9 年、每 8.8 年发生一次系泊失效。2000—2012 年,至少发生了 23 起有记录的系泊失效事件,导致至少 150 条系泊部分或全部更换和修复。2000—2020 年,挪威大陆架报告了 30 起半潜式平台系泊事故,其中包括 1 起三根系泊失效事件、1 起两根系泊失效事件。此外,

---

① 数据来源:国家统计局。

随着全球气候变暖,极端环境频发,风速和浪高增加,热带气旋也更加频繁,我国规范要求防 15 级台风,但南海海域已出现 17、18 级台风。

南海海域具有台风、内波、高盐腐蚀、海底滑坡等特点,容易出现极端海况,导致海洋油气生产系统被破坏停产,甚至造成严重的环境污染。近年来,防灾减灾也在国家重大工程中受到高度重视,国家防灾减灾是重要战略目标。为保证国家深海能源开发安全与战略需求,有必要对深水平台及其系泊系统的安全作业及灾害防控深入研究。

表 1-1　全球范围内部分系泊失效事故

年份	船名	损坏情况	水深(m)
2013	Leiv Eiriksson semi	1 根链	115~125
2013	Island Innovator semi	1 根钢缆	—
2012	Petrojarl Varg FPSO	1 根链	84
2012	Transocean Spitsbergen semi	1 根链	240~300
2011	Banff	5 根链、过度偏移	91.44
2011	Volve(Navion Saga)	2 根钢缆	82.296
2011	Gryphon Alpha	4 根链、过度偏移、立管失效	121.92
2011	Fluminense	1 根链	792.48
2010	Jubarte	3 根链	1 343
2009	海洋石油 113	钢臂塔架、过度偏移、立管失效	18.288
2009	南海发现号	4 根钢缆、过度偏移、立管失效	115.824
2009	Fluminense	1 根链	792.48
2008	Dalia	1 根链	1 301.496
2008	Balder	1 根链	124.968
2008	Blind Faith	1 根链	1 981.2
2007	Kikeh	1 根链	1 341.12
2006	Schiehallion	1 根链	396.24
2006	流花-南海胜利号	7 根钢缆、过度偏移、立管失效	298.704
2006	Varg	1 根链	85.344
2005	Kumul buoy	1 根钢缆	18.288
2005	Foinaven	1 根链	457.2
2002	Girassol buoy	3 根链、1 条聚酯缆	1 402.08
2001	Harding buoy	1 根链	109.728

目前,海洋工程结构相关规范主要采用传统的安全系数法进行结构评估,但其无法描述结构、材料和载荷的不确定性,忽略了各结构之间的内在联系,难以准确评估极端工况下结构的功能损失,使结构系统设计冗余度过大,自重过大,导致系统有效承载力降低。此外,从经济性角度来看,无限增加结构冗余度、提高安全系数来适应气候变化也是不现实的,需要

深入探索深水结构的安全评估方法。目前,部分系泊设计规范见表 1-2,涵盖了从系泊设计、安装、检修、各子构件材料要求多方面的内容,其中许多研究人员和机构也致力于提出先进的理念用于评估及提高系泊系统的安全性,包括系泊完整性管理(Mooring Integrity Management,MIM)、鲁棒性检验、风险评估等。

表 1-2 系泊设计规范

机构	规范名称	相关内容
中国船级社	海上单点系泊装置入级规范	海洋环境及系泊系统载荷计算
	海上移动平台结构状态动态评价及应急响应服务指南	半潜平台系泊分析
国际标准化组织(International Organization for Standardization,ISO)	ISO 19901-7	系泊设计的详细过程
挪威船级社(Det Norske Veritas,DNV)	DNVGL-CP-0256	钢丝绳的批准程序
	DNVGL-OS-C101	锚固基础安全要求
	DNVGL-OS-C105	张力腿平台筋腱设计的详细过程
	DNV-RP-C205	环境条件和环境载荷
	DNV-OS-E301	系泊设计的详细过程
	DNVGL-OS-E302	锚链设计要求
	DNVGL-OS-E303	纤维绳设计要求
	DNVGL-OS-E304	钢丝绳设计要求
	DNVGL-OS-C301	平台稳性要求
美国石油学会(American Petroleum Institute,API)	API-RP-2MIM	系泊完整性管理
	API-RP-2SK	系泊设计的详细过程
	API-RP-2T	张力腿平台筋腱设计的详细过程,特别是鲁棒性检验要求
	API-RP-2FPS	系泊设计的详细过程
	API-RP-2A-WSD	疲劳分析方法,锚固基础设计
美国船级社(American Bureau of Shipping,ABS)	Design Guideline for Stationkeeping Systems of Floating Offshore Wind Turbines	浮式风机的系泊设计
	Guide for Fatigue assessment of offshore structures	系泊疲劳评估
	Rules for Building and Classing Floating Production Installations	平台及系泊的施工安装过程
	Guidance notes on mooring integrity management	系泊完整性管理,系泊检修、评价等
	Rules for conditions of classification—offshore units and structures	系泊的制造设计、性能评价

韧性是一种更全面的、多学科的概念,是指在外部扰动下,系统抵抗、响应和恢复的能力。韧性特别强调结构系统适应外部环境变化的能力及其吸收、适应和快速恢复能力,是对

系统性能更全面的描述。韧性研究是对结构可靠性和鲁棒性要求的进一步提升,为工程结构的防灾减灾设计和研究提供了新思路。可靠性是指结构在规定时间内完成指定功能的概率,结构鲁棒性是指当危险事件发生时,系统抵御发生不成比例的损坏的能力,两者只关注结构强度及系统的抗灾能力,而韧性研究不仅关注系统承受灾害能力,而且关注其恢复能力。韧性将系统视为一个整体,克服了单个组件评估的局限性,是一种更加科学的总体评价方法,有利于进一步优化大型海洋结构系统的设计和安全运行,将韧性引入海洋工程将进一步丰富管理理念。

基于此,本书依托国家自然科学基金面上基金课题"半潜式平台系泊失效韧性评估与性能恢复研究"和国家自然科学基金青年基金课题"局部系泊失效下深海张力腿平台响应特性与鲁棒性优化研究",聚焦深水平台系泊系统的安全能力,引进韧性评估理念,以应对气候变化、复杂灾害环境等对系统性能的挑战,希望能够为我国深水浮式平台系泊系统的安全运维提供参考和借鉴。

1.2　韧性量化评估方法研究

1.2.1　韧性定义

韧性最早由 Holling 提出并应用于评估生态系统的稳定性。随着韧性研究向不同领域延伸,韧性的内涵也变得更加丰富。在工程结构领域,区别于传统的"失效保障(Fail-safe)"理念——通过有效的管理控制措施防止结构发生故障,韧性代表了一种结构系统可以"安全失效(Safe-to-fail)"的设计理念——关注结构的自组织及恢复能力,确保结构不会因失效而产生过大的负面影响。作为一个综合概念,韧性一般是从多个方面综合量化的。根据系统面临扰动的不同时间阶段,可以将突发事件发生后的过程划分为 3 个部分(图 1-4)。

(1)扰动前的阶段。本阶段的韧性研究的目标是防止系统在面对扰动时发生失效,关注的问题为:结构是否失效?

(2)扰动中的阶段。本阶段主要评估系统抵御连续失效的能力,关注的是结构面对扰动时的失效程度:结构是否发生连续失效?

(3)扰动后的阶段。本阶段评估的是恢复过程的能力,关注结构的恢复情况:结构如何恢复? 如图 1-4 所示,系统性能可能恢复到高于扰动前的水平(曲线 I)、等于扰动前的水平(曲线 II)、低于扰动前的水平(曲线 III)。

根据系统在扰动下是否发生失效,韧性评估可划分为两个不同的时间阶段,即失效过程和恢复过程,失效过程包括扰动前、中的阶段,而恢复过程则为扰动后的阶段。根据不同时间阶段的特点,韧性的相关概念及内涵见表 1-3。

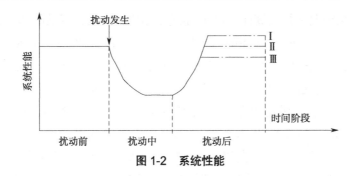

图 1-2 系统性能

表 1-3 韧性相关概念

时间阶段	概念	内涵
失效过程	可靠性 （Reliability）	产品、系统或服务在指定时间内充分执行其预期功能，或在指定环境中无故障运行的概率，是防止机械或功能故障的能力
	冗余度 （Redundancy）	构件、系统或其他分析单元存在的可替代性程度，即在其功能中断、退化或丧失的情况下，整体能够满足功能需求的程度
	脆弱性 （Fragility/Vulnerability）	系统受特定危险不利影响的敏感程度，是风险公式的一个组成部分：风险 = 灾害 × 脆弱性 × 后果
	鲁棒性 （Robustness）	在初始系泊失效情况下结构/系统抵御连续失效的能力。局部系泊失效后，平台具有抵御连续失效，甚至整个平台倾覆的能力
	吸收性 （Absorptivity）	系统能够自动吸收扰动的影响，并毫不费力地将后果降至最低程度
恢复过程	适应性 （Adaptability）	系统具有的通过自组织恢复系统性能水平的程度
	快速性 （Rapidity）	为了控制损失并避免未来的干扰，系统具有的及时处理优先事项和实现目标的能力
	资源性 （Resourcefulness）	当存在可能破坏某些构件、系统或其他分析单位的情况时，系统具有的识别问题、确定优先事项和调动资源的能力
	响应性 （Responsiveness）	反应灵敏、灵活及时的恢复措施
	可维护性 （Maintainability）	衡量系统在规定时间内恢复到特定条件的难易程度的指标

　　基于韧性的丰富内涵，结构的韧性评估通常无法由单一指标构成，而需要综合考虑系统的多种不确定性因素，从多个维度提出反映多方面系统性能的评价指标，这也为韧性的量化评估提出挑战。本节将深入从系统性能曲线、韧性评估指标及韧性评估体系等方面对当前韧性量化评估研究现状进行概述，并总结韧性理论在海洋工程领域中的研究现状和动态。

1.2.2 系统性能曲线及评估指标

　　韧性研究已被纳入关键基础设施系统中，韧性量化评估方法越来越受到人们的关注。现有的韧性量化评估方法大都基于系统或结构在灾害/扰动发生前后的性能曲线 $Q(t)$——

性能随时间的变化情况来描述韧性。$Q(t)$曲线是结构韧性量化评估的基础,但目前还没有统一定义。2003 年,韧性曲线由 Bruneau 等首次提出。随后,性能衡量方式被后来的研究者不断拓展,不同的性能量化方法的主要区别为曲线的纵坐标的含义,包括以下几种不同形式:从可靠性的角度定义的超越概率,考虑工程系统经济效益的经济损失,在系统服务功能方面则有服务数量、流量、供水能力、工程结构的可用性,考虑事故后果的伤亡指数等。此外,已有的定义大都是针对城市给水系统、电力系统、医疗系统和道路网络系统提出的,由于系统使用功能的差异,已有的性能曲线并不直接适用于浮式平台的评估研究工作。

构建韧性曲线的关键是在考虑内部和外部复杂性的情况下定量衡量系统随时间变化的性能。目前,广泛采用的性能曲线的形式为概念函数,不同研究者提出了不同的性能曲线 $Q(t)$ 的具体函数形式,包括线性函数、指数函数、幂函数、余弦函数、阶跃函数、分段函数、正态分布概率函数和对数正态概率分布函数等。根据系统和社会对扰动事件的反应,使用者可选择合适的通用函数形式。此外,还可利用历史数据和专家经验来生成韧性性能曲线。

然而,韧性曲线无法比较不同场景和配置的系统之间的韧性水平,故研究者们根据韧性曲线又进一步提出了韧性评估指标。Bruneau 等学者最早提出利用损失三角形的面积来度量系统或结构的韧性,该方法也称为"韧性三角(Resilience Triangle)",主要评估系统的性能损失。后来,Cimellaro 等将其扩展以评估恢复速度。此后,多位学者提出了众多的韧性评估指标,Poulin 和 Kane 基于不同计算形式,将其概括为 6 类,分别为基于幅值大小的指标、基于持续时间的指标、基于积分的指标、基于速率的指标、基于阈值的指标和集合汇总指标;根据性能曲线纵坐标的内涵,相应的指标可划分为可用性(Availability)、生产率(Productivity)及服务质量(Quality)3 个方面。韧性是一个复杂而综合的概念,尽管内涵及计算形式不同,根据韧性描述的系统特性,本书将指标分为 4 类,包括鲁棒性、恢复性、功能性和经济性,具体指标类别见表 1-4,包含具体例子及考虑要素。鲁棒性及恢复性类别的韧性指标主要描述的是系统在失效过程及恢复过程的性能,而功能性及经济性则为系统的社会性能,分别评价其完成预期功能的水平和经济价值。特定的利益相关方及决策者往往需要一个单一的值来进行优化或简洁的沟通,这种指标称为汇总指标,可通过对子指标进行加权或选择最重要的某个指标来确定。它们的缺点是系统的细节可能很容易被模糊或误解。总之,根据对象系统的内外部特征提出合适的有效的韧性指标具有重要意义。

表 1-4　韧性指标分类

类别	考虑因素	例子
鲁棒性	实现最小的性能损失并防止初始中断后出现无法承受的连续失效	失效传播深度(最大连续失效构件数量)、最低性能水平、剩余功能表现、剩余能力、性能损失速率、损失速率、免于损失的性能
恢复性	评估恢复过程的系统性能	恢复所需时间、性能曲线的斜率、恢复程度、失效/中断持续时间、恢复时间、停机总长时间、恢复速率、恢复时间阈值、停机状态下运行的时间、恢复效率

类别	考虑因素	例子
功能性	评估整体性能表现,包括时间和性能,通常表示为实际性能函数与目标性能函数的面积积分之比的形式	韧性损失、最大性能损失、功能服务损失、恢复程度、恢复量与损失量的比值、服务损失、时间平均性能损失
经济性	从经济的维度评估韧性表现	直接/间接经济损失、成本阈值、与提供服务中断相关的经济后果、后果向量

1.2.3　韧性评估体系

由于韧性具有复杂内涵,其常被理解为一个具有不同维度的函数,Bruneau 等首次提出了 4 个"R"来评价韧性,包括鲁棒性(Robustness)、快速性(Rapidity)、资源性(Resourcefulness)、冗余性(Redundancy)。目前,韧性评估也多以评估概念模型的韧性评估框架的形式出现。基于韧性的不同时间过程,Ouyang 提出了基础设施韧性的评价框架——"三阶段"韧性分析框架,分别为抵抗阶段、吸收阶段和系统恢复阶段。其中,第三阶段表现了系统的恢复能力,将恢复所需时间与恢复所需资源共同作为衡量系统恢复力的指标。这种分阶段的韧性评估方法得到较多应用,抵抗阶段的韧性优劣表现为易损性、震害率等,吸收阶段韧性水平的优劣表现为功能损失、经济损失等,恢复阶段的韧性优劣表现为震后恢复时间、恢复程度、恢复路径等。韧性不同阶段对应着不同的能力要求,包括系统的预作用、吸收、适应和快速从可能的失效恢复的能力。Vugrin 等和 Francis 等也对应着从 3 种基本系统能力(吸收能力、适应能力和恢复能力)来制定韧性指标。Zobel 则从韧性的二维表示(包括初始损失值及相关的恢复时间)概括了其鲁棒性和快速性两个特征值。Sarwar 等将韧性定义为多种概念的函数,将其量化为可靠性、易损性和可维修性的方程,后又扩展为包含预期反应、系统适应性、吸收能力和恢复能力的函数。Toroghi 和 Thomas 则将韧性概括为鲁棒性、资源性、冗余性、快速性及可调节性 5 个方面。从调整的对象出发,Pilanawithana 等将安全管理工程的韧性概括为人员、地点、系统 3 个维度。

研究人员也从不同的维度提出了韧性的要求及评估框架。Bruneau 等建立了一个韧性框架,将评估指标纳入 4 个相互关联的维度:技术、组织、社会和经济。Vugrin 等又增加了两个维度:生态和环境。Peñaloza 等则基于韧性安全工程的复杂影响因素概括出包括技术、组织及环境的韧性评估框架。从全生命周期的角度,Mottahedi 等提出的韧性指标框架在层次结构中考虑了关联的概念,包括:可靠性、可维护性、预后健康管理(Prognostic Health Management,PHM)效率和组织韧性。Hollnagel 将韧性工程概括为 4 种能力:响应能力(Respond)——工程对事件的适应能力;监测能力(Monitor)——监测内外条件以提高响应的准备程度;学习能力(Learn)——工程从过往事件中学习经验提升性能的可调节性;预测能力(Anticipate)——系统能预测近期和远期的挑战与机会。目前,韧性概念模型已经融入工程安全评估体系中。

1.2.4　海洋工程领域韧性评估研究

目前,韧性评估主要应用于陆上工程结构,特别是地震工程中,在海洋工程领域也方兴未艾,近年来,相关的韧性评估研究越来越多,且常应用于海上风电场及海底管道的运维阶段。

复杂的海洋环境是海工领域韧性评估需要重点关注的问题。Wilkie 和 Galasso 量化了极端风暴中风力涡轮机的损失情况,为系统韧性量化提供支持。考虑台风参数不确定性因素,Liang 等面向海上风电场,提出了一个由预防控制、应急响应和快速恢复 3 个阶段组成的最优韧性优化调度框架。Göteman 等考虑环境相关的失效概率和维修措施,并通过不可用性(Unavailability)或能源不足期望值量化波浪能场的韧性。Ramadhani 等通过韧性的吸收、适应及恢复等方面的内涵评价浮式结构在冰载荷作用下的响应性能。为了提升海上风电场及其输电网在台风下的韧性,Li 等提出了包括鲁棒性及应急资源调度两阶段的韧性优化方法。经济因素也是海工领域韧性评估的关注点,基于场景的生命周期效益和成本,Liu 等开发了一种用于海上风电场韧性建模和分析的概率框架。在风电场退役计划中,Köpke 等则提供了基于韧性的决策参考。

在海底管道韧性评价方面,蔡宝平等结合马尔可夫模型和动态贝叶斯模型,建立了基于关键构件剩余使用寿命的结构体系韧性评价方法。为保证随机时变性能,Yazdi 等基于动态贝叶斯网络,提出了海底管线在微生物影响腐蚀下的韧性。Okoro 等提出了一种海上油气管道结构韧性量化方法,将韧性表示为结构随时间变化的可靠性、适应性和可维护性的函数。

此外,Adumene 和 Ikue-John 指出,韧性对解决当前海上石油和天然气钻井作业所遇到的安全运维方面的挑战提供了有效的解决思路。越来越多研究者意识到韧性研究在海工领域的价值,由于韧性的丰富内涵,及其在工程失效、恢复等多阶段的可用性和综合性,使其在工程的设计、安装、运维、退役等生命全周期方面有着越来越重要的作用,可提供创新性系统安全可靠性提升思路。

本章部分图例

说明:为了方便读者直观地查看彩色图例,此处节选了书中的部分内容进行展示。页面左侧的页码,为您标注了对应内容在书中出现的位置。

第 2 章 深水结构失效响应分析基本理论

2.1 引言

本书对深水结构失效过程的响应分析主要基于水动力理论,深水结构作业过程受到的载荷主要包括风、浪、流等,服役环境复杂,在数值模拟中能准确地模拟出结构在局部失效下的结构响应是对失效过程的韧性评估结果准确的关键所在。本书主要考虑了系泊和立管的响应分析,系泊失效响应分析主要基于系泊-浮式平台耦合水动力分析模型的结构,基于三维势流理论对平台上部浮体湿表面进行水动力分析,并运用面元模型对湿表面进行数值求解,并结合莫里森模型模拟黏性力的影响。外部环境主要考虑了风、浪、流的作用。缓波型立管中部浮筒段的建模主要分为两种方法,包括采用等效理论对浮筒段进行等效处理,以及通过输入浮筒大小及密度等间隔建立浮筒模型。其中,建立浮筒模型的方法需要精准设置浮筒间隔,如果间隔设置不当容易引发局部力学特性突变的现象。所以本书采用集中质量法建立缓波型立管的力学模型,同时用等效理论对缓波型立管的浮筒段进行等效处理,以此确保模型的准确性。在疲劳评估方面,本书考虑了结构在受到外部环境作用的前提下,使用S-N 曲线法以及 Palmgren-Miner 线性累积损伤理论对结构整体进行疲劳损伤的分析。

综上所述,本章将对浮式平台系泊失效的水动力数值模型构建、缓波型立管力学模型的构建、等效理论的具体应用进行介绍,同时介绍外部环境载荷的模拟、疲劳分析的基本理论。

2.2 浮式平台系泊失效的水动力数值模型

图 2-1 为水动力分析的详细图示,先后通过频域分析和时域分析连续求解水动力数值模型,以获取动力响应。本节将详述构建水动力数值模型使用的理论工具,包括面元模型、莫里森模型及系泊模型等。

2.2.1 时域运动方程

本书选择 ANSYS 软件构建水动力模型。平台浮体结构由面元模型和莫里森模型模拟,面元模型用于模拟浮体湿表面,其被水线面分割为水上和水下两部分,浮式结构系统的时域运动方程的卷积积分形式为

$$\{m+A_\infty\}\ddot{X}(t)+c\dot{X}(t)+KX(t)+\int_0^t R(t-\tau)\dot{X}(t)\mathrm{d}\tau = F(t) \tag{2-1}$$

式中:m 为结构质量矩阵;A_∞ 为流体附加质量矩阵;c 为辐射阻尼系数矩阵;K 为结构刚度矩阵;$R(t-\tau)$ 为速度脉冲响应函数矩阵;$F(t)$ 为系统所受外力;$X(t)$、$\dot{X}(t)$ 和 $\ddot{X}(t)$ 分别为实

时位移、速度及加速度。运动方程的求解参数包括附加质量、阻尼矩阵、二次传递函数（Quadratic Transfer Function，QTF）等，由频域响应计算得到。

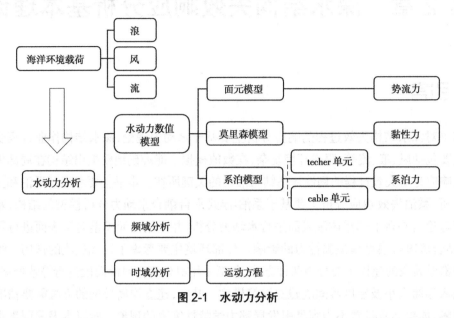

图 2-1   水动力分析

2.2.2   面元模型

三维势流理论是分析波浪中大体积结构最常用的数值模拟工具，本书基于三维势流理论对平台浮体湿表面进行水动力分析，并运用面元模型对湿表面进行数值求解。入射势函数、绕射势函数和辐射势函数可表示为

$$\varphi(\boldsymbol{X})\mathrm{e}^{-\mathrm{i}\omega t}=\left[(\varphi_\mathrm{I}+\varphi_\mathrm{d})+\sum_{j=1}^{6}\varphi_{rj}x_j\right]\mathrm{e}^{-\mathrm{i}\omega t} \tag{2-2}$$

式中：$\varphi(\boldsymbol{X})$ 为速度势；φ_I 为单位波振幅下的一阶入射势；φ_D 为相应的绕射势；φ_{rj} 为由第 j 个自由度的运动引起的单位运动振幅的辐射势；x_j 为结构质心的第 j 个自由度的运动，结构运动的 6 个自由度分别为横荡、纵荡、垂荡、横摇、纵摇及艏摇；ω 为波频。

当速度势给定时，将湿表面模型划分为面元模型，并沿湿表面进行积分，以求解得势流力。6 个自由度的入射力分别表示为

$$F_{\mathrm{I}j}=-\mathrm{i}\omega\rho\int_{S_0}\varphi_\mathrm{I}(\boldsymbol{X})\boldsymbol{n}_j\mathrm{d}S \quad j=1,2,\cdots,6 \tag{2-3}$$

6 个自由度的绕射力分别表示为

$$F_{\mathrm{d}j}=-\mathrm{i}\omega\rho\int_{S_0}\varphi_\mathrm{d}(\boldsymbol{X})\boldsymbol{n}_j\mathrm{d}S \quad j=1,2,\cdots,6 \tag{2-4}$$

由第 k 个单位振幅运动引起的辐射波产生的第 j 个自由度的辐射力为

$$F_{rjk}=-\mathrm{i}\omega\rho\int_{S_0}\varphi_{rk}(\boldsymbol{X})\boldsymbol{n}_j\mathrm{d}S \quad j=1,2,\cdots,6,\ k=1,2,\cdots,6 \tag{2-5}$$

式中：$\boldsymbol{n}_j$ 为面元单位法向矢量；ρ 为密度。

2.2.3　莫里森模型

在势流理论中,物体所受黏性力忽略不计,为了模拟细长杆件(例如平台主体的浮筒和立柱等)所受的黏性力,在上述面元模型中加入了莫里森模型,作为三维势流理论的补充。此外,莫里森模型也用于计算浮筒和立柱所受流力以及系泊所受水动力。该理论假定柱体的存在对波浪运动无显著影响,并认为波浪对柱体的作用主要是黏滞效应和附加质量效应,对细长结构横截面上单位长度所受流体力,莫里森方程表示为

$$dF = \frac{1}{2}\rho DC_d|u_f - u_s|(u_f - u_s) + \rho AC_m\dot{u}_f - \rho A(C_m-1)\dot{u}_s \quad (2-6)$$

式中: C_d 为黏性阻力系数, $C_d=1.1$; C_m 为惯性力系数, $C_m=2.0$; ρ 为流体密度; D 为细长杆件圆柱直径; u_f 、 $\dot{u}_f$ 分别为来流速度和加速度; u_s 、 $\dot{u}_s$ 分别为结构横向速度及加速度; A 为构件横截面积。

由于浮体所受惯性力已通过势流理论计算,因此在建模时省略了浮筒和立柱莫里森方程的惯性项。单位长度的浮筒和立柱上的黏性力为

$$dF = \frac{1}{2}\rho DC_d|u_f - u_s|(u_f - u_s) \quad (2-7)$$

2.2.4　系泊模型

根据系泊形式的不同,系泊模型有不同的形式。对于张力腿平台,筋腱采用 tether 单元进行模拟,而半潜式平台的悬链式系泊缆则采用分段的 cable 单元进行模拟。以下将分别介绍两种模型。

1. tether 单元

tether 单元可对筋腱本身的物理特性进行模拟,同时考虑其所受惯性力、重力及水动力对系泊系统的影响。其不仅可以传递轴力,还可传递剪力弯矩。tether 单元指的是直径小于波浪波长的柔性圆柱管,可被描述为一系列不同几何或材料属性的元件,通常用于将张力腿平台锚定到海床上,防止平台的垂向运动,但允许因环境载荷产生的横向运动。

tether 模型基于以下的限制和假设。

(1)无轴向变形假定:只考虑 tether 的弯曲和横向运动,忽略其沿轴向的平移和旋转运动。

(2)轴向张力为零假定:假定系泊的壁面张力和有效张力均为零,因此弯曲刚度仅包括结构的弯曲刚度。

(3)小变形假定:假定 tether 模型的侧向和旋转变形相对于所定义的轴线的变形很小,这意味着 tether 模型不适用于分析绕轴的大旋转变形,如结构的翻转。

(4)质量刚度比限制:任一 tether 单元的质量刚度比都不能太小。当单元非常短的时候,常常具有较小的质量刚度比,这将导致非常高的固有频率。而较高的固有频率可能会导致分析中的稳定性问题和舍入误差。一般规定固有周期不得小于 1/100 s。

(5)时间步长限制:在时域分析中时间步长必须足够小,才能解析出 tether 的响应运动,

包括任何一开始可能出现的瞬态响应及全过程的响应。好的经验规律为,时间步长应该小于任何响应周期的 1/10。

tether 单元的结构质量矩阵为

$$
M_s = \frac{m_s}{420}
\begin{pmatrix}
156L & 0 & 0 & 22L^2 & 54L & 0 & 0 & -13L^2 \\
0 & 156L & -22L^2 & 0 & 0 & 54L & 13L^2 & 0 \\
0 & -22L^2 & 4L^3 & 0 & 0 & -13L^2 & -3L^3 & 0 \\
22L^2 & 0 & 0 & 4L^3 & 13L^2 & 0 & 0 & -3L^3 \\
54L & 0 & 0 & 13L^2 & 156L & 0 & 0 & -22L^2 \\
0 & 54L & -13L^2 & 0 & 0 & 156L & 22L^2 & 0 \\
0 & 13L^2 & -3L^3 & 0 & 0 & 22L^2 & 4L^3 & 0 \\
-13L^2 & 0 & 0 & -3L^3 & -22L^2 & 0 & 0 & 4L^3
\end{pmatrix}
\tag{2-8}
$$

式中: m_s 为单位长度的结构质量; L 为单元长度。

结构刚度矩阵为

$$
K = \frac{EI}{L^3}
\begin{pmatrix}
12 & 0 & 0 & 6L & -12 & 0 & 0 & 6L \\
0 & 12 & -6L & 0 & 0 & -12 & -6L & 0 \\
0 & -6L & 4L^2 & 0 & 0 & 6L & 2L^2 & 0 \\
6L & 0 & 0 & 4L^2 & -6L & 0 & 0 & 2L^2 \\
-12 & 0 & 0 & -6L & 12 & 0 & 0 & -6L \\
0 & -12 & 6L & 0 & 0 & 12 & 6L & 0 \\
0 & -6L & 2L^2 & 0 & 0 & 6L & 4L^2 & 0 \\
6L & 0 & 0 & 2L^2 & -6L & 0 & 0 & 4L^2
\end{pmatrix}
\tag{2-9}
$$

式中: E 为杨氏模量; I 为横截面积的二阶矩。

作用于 tether 单元的总力 F_e 表示为

$$
F_e = F_k + F_s + F_i + F_m
\tag{2-10}
$$

式中: F_k 为由于弯曲结构刚度产生的内力; F_s 为由端节点处弹簧施加的外部作用力; F_i 为重力、水动力、拖曳力、波浪惯性力、Froude-Krylov 力等的合力; F_m 为在运动参考系中计算所产生的力,此力仅作用于已安装的 tether 模型。

2. cable 单元

采用 cable 单元模拟半潜式平台悬链式系泊缆。在对悬链式系泊进行动力学模拟时,先沿系泊长度方向将系泊离散化,并赋予每一段单元重力及内外力。在系泊动态模拟的过程中,与横向刚度相比,其内联刚度非常大。另外,采用非线性弹簧和阻尼器模拟海床,以最小化由于离散化导致的触底点产生的不连续性和能量损失。在确定每个离散单元的力后,将其组装成一个对称带状的全局系统,并在静态/频域中进行直接求解,或在时域计算中通过时间积分求解。

cable 单元的运动方程为

$$\begin{cases} \dfrac{\partial T}{\partial s_e} + \dfrac{\partial V}{\partial s_e} + w + F_h = m\dfrac{\partial^2 R}{\partial t^2} \\ \dfrac{\partial M}{\partial s_e} + \dfrac{\partial R}{\partial s_e} \times V = -q \end{cases} \tag{2-11}$$

式中：m 为单位长度的结构质量；q 为单位长度的分布式弯矩载荷；R 为单元第一个节点的位置向量；∂s_e 为单元的长度；w、F_h 分别为单位长度的单元重量和外部水动力载荷向量；T 为单元第一个节点的张力向量；M 为单元第一个节点的弯矩向量；V 为单元第一个节点的剪力向量。

弯矩 M 和张力 T 与结构弯曲刚度 EI 和轴向刚度 EA 的关系为

$$\begin{cases} M = EI\dfrac{\partial R}{\partial s_e} \times \dfrac{\partial^2 R}{\partial s_e^2} \\ T = EA\varepsilon \end{cases} \tag{2-12}$$

式中：ε 为单元的轴向应变。

为保证公式的唯一解，在系泊上下两端施加边界条件：

$$\begin{cases} R(0) = P_{bot} \\ R(L) = P_{top} \\ \dfrac{\partial^2 R(0)}{\partial s_e^2} = 0 \\ \dfrac{\partial^2 R(L)}{\partial s_e^2} = 0 \end{cases} \tag{2-13}$$

式中：P_{bot}、P_{top} 分别为系泊与海底及上部浮体连接处的位置；L 为系泊未拉伸时的总长度。

2.2.5　浮式平台系泊失效下的响应数据

为了获取足够的响应数据以构建响应概率分布模型，对不同系泊失效情况的浮式平台水动力数值模型，在不同的载荷环境条件下各进行 3 h 的时域模拟。局部系泊失效后，浮式平台的运动响应可分为两个不同的时间段，即瞬态响应阶段和稳态响应阶段。受失效时初始条件的影响，瞬态响应情况较为复杂，需要综合考虑可能的初始条件，如失效时刻处于响应峰值或低谷、失效时刻的外部载荷大小等。同时，本书研究的海况条件主要为极端环境条件下的随机载荷，由外部环境振荡载荷引起的稳态响应最大值可能大于或等于因系泊失效产生的瞬态效应引起的强响应。但需要注意的是，在没有风暴的载荷环境下，瞬态分析可能更为重要。此外，前期研究成果表明，当系泊在平静的海面上失效时，瞬态效应的持续时间不超过 50 s。本研究取 3 h 的响应数据建立概率分布模型，与 3 h 相比，50 s 的瞬态效应对于拟合概率密度函数来说是一个较短的时间。因此，本书忽略了局部系泊失效后浮式平台的瞬态响应数据。

在进行局部系泊失效下的浮式平台的响应模拟时，首先抑制失效系泊，得到系泊失效下结构的响应数据。在建立概率分布模型时，剔除前 150 s 的模拟数据以忽略初始条件的影响，同时，瞬态效应也被忽略了。换句话说，本书考虑的是初始系泊失效后稳态阶段。通过忽略前 150 s 的模拟数据的方式,与参考文献 [122] 中所说明的计算方法相比,在可接受的精度范围内计算成本将大大减少。

2.3　海洋环境载荷条件

本书的海洋载荷条件设定为具有不同重现期的极端环境,这些环境条件包括波浪、风和流,本书的研究海域为中国南海。海洋环境载荷条件包括波浪、风及海流,以下将分节介绍波浪、风谱以及海流模拟等具体情况。

2.3.1　波浪

在台风条件下,中国南海海域的波浪谱可采用 JONSWAP 波浪谱。Houmb 和 Overvik 提出了经典的 JONSWAP 波浪谱的参数形式,某频率 ω 下的谱坐标表示为

$$S(\omega) = \frac{\alpha g^2 \gamma^\alpha}{\omega^5} \exp\left(-\frac{5\omega_p^4}{4\omega^4}\right) \tag{2-14a}$$

$$\alpha = \exp\left[-\frac{(\omega - \omega_p)^2}{2\sigma^2 \omega_p^2}\right] \tag{2-14b}$$

$$\sigma = \begin{cases} 0.07 & \text{where } \omega \leqslant \omega_p \\ 0.09 & \text{where } \omega > \omega_p \end{cases} \tag{2-14c}$$

式中:ω_p 为峰值频率,rad/s;γ 为峰值增强因子,在中国南海深水区域,该值设为 2.4;α 为与风速及波浪谱的峰值频率相关的常数;σ 为峰型参数;g 为重力加速度。

按照相同的频率间隔 $\Delta\omega$,波浪谱被离散成 N 个线性规则波(Airy 波)。根据式(2-14)确定不同的 Airy 波的波高和频率。Airy 波是基于均匀、不可压缩、无黏性和无涡流动的流体假设提出的。通过 N 个 Airy 波的线性叠加,可以得到波面高度的时域历程曲线。在固定参考坐标系中,位置 X 和 Y 处的水面高度 ς 可以用复数形式表示为

$$\varsigma = \sum_{n=1}^{N} \left(a_w e^{i[-\omega t + k(X\cos\chi + Y\sin\chi) + \varphi_w]}\right)_n \tag{2-15}$$

式中:a_w 为波幅,$(a_w)_n = \sqrt{2S(\omega_n)\Delta\omega}$;$\omega$ 为波频率,rad/s;k 为波数;χ 为浪向,即平面内波浪传播方向与 x 轴正方向之间的夹角,以逆时针方向为正;φ_w 为相位。

2.3.2　风

对于方向保持恒定不变的风,可以用风谱来描述风速的频率分布。规范 API-RP-2SK 推荐使用 NPD 风谱进行计算。通过分析和研究中国南海超过一年的风观测数据,中国南海的实测风谱与 NPD 风谱非常吻合。高度 Z 处的纵向风速的 NPD 风能密度谱 $S(f)$(单位为 m^2/s)表示为

$$S(f) = \frac{320\left(\dfrac{\bar{V}_{10}}{10}\right)^2\left(\dfrac{Z}{10}\right)^{0.45}}{\left(1+\tilde{f}^{0.468}\right)^{3.561}} \qquad (2\text{-}16)$$

其中,

$$\tilde{f} = \frac{172f\left(\dfrac{Z}{10}\right)^{2/3}}{\left(\dfrac{\bar{V}_{10}}{10}\right)^{3/4}}$$

式中：$\bar{V}_{10}$ 为平均水面以上 10 m 高度处的平均风速；f 为频率,Hz；$\tilde{f}$ 为无量纲频率。

2.3.3　流

本书假设海流在水平方向上运动,且随着水深变化,流速有所不同。流剖面定义为一系列不同水深 Z 处的流速(包括幅值 U_Z 和方向 θ_Z)。对于在给定的水深之间的未定义流速的位置,可以通过相邻位置的线性插值来计算流速和方向。

2.4　缓波型立管力学模型构建理论

2.4.1　立管集中质量法建模

缓波型立管处于不同的海洋环境中,其管体也受到不同的阻尼作用。缓波型在海洋中受到的阻尼大致可以分为 4 类：①流体阻尼；②海底摩擦；③层间摩擦；④材料阻尼。若对管道进行整体分析,可暂时忽略层间摩擦和材料阻尼的作用。故从整体上来看,缓波型立管在深海中主要受到流体阻尼和海床摩擦的作用。在对缓波型立管进行建模分析时,可假定悬挂段主要受到流体阻尼作用,而触地段除了受到流体阻尼作用外,还受到不规则海床的摩擦阻尼。本书只考虑上部浮体运动及海流作用,立管与海床相互影响引发的管土作用会放入未来研究计划中。

目前,国内外学者建立缓波型立管力学模型的方法主要包括非线性大挠度梁理论、非线性小挠度梁理论以及集中质量法等,其中集中质量法应用最为广泛,本书采用集中质量法对立管进行建模。参考图 2-2 所示的 OrcaFlex 立管单元建模方式,每一半立管单元的属性(质量、重量、浮力、阻力等)被集中分配给单元末端的质点,质点之间通过弹簧连接。立管的轴向刚度、弯曲刚度与扭转刚度分别通过轴向弹簧、弯曲弹簧与扭转弹簧及对应阻尼器来实现。

图 2-3 为缓波型立管触地段的局部模型,其中设 $\boldsymbol{R}(R_x,R_y,R_z)$ 为立管单元的方向向量,$\boldsymbol{n}(n_x,n_y,n_z)$ 为立管触地段的法向向量,$\boldsymbol{e}(e_x,e_y,e_z)$ 为立管触地段的切向向量。立管单元受到内部流体载荷、外部水动力载荷和内部结构载荷的作用,对其进行受力分析如图 2-4 所示。

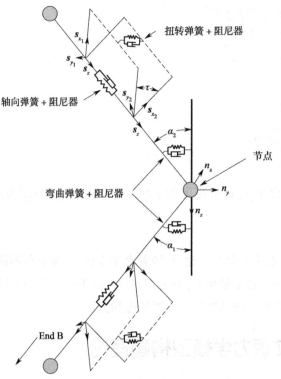

图 2-2　OrcaFlex 立管单元的有限元模型

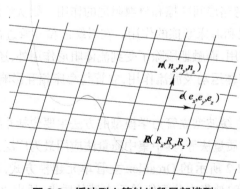

图 2-3　缓波型立管触地段局部模型

　　忽略立管转动惯量及管内流体的影响,由牛顿第二定律可得单元的平衡关系式:

$$m\frac{\partial^2 \boldsymbol{R}}{\partial t^2} = \frac{\partial \boldsymbol{T}_e}{\partial s} + \frac{\partial \boldsymbol{V}}{\partial s} + \boldsymbol{f} + \boldsymbol{w}_s + \boldsymbol{w}_m \quad (2\text{-}17)$$

式中:m 为单元质量;t 为时间,s 为单元长度;$\boldsymbol{V}$ 为截面剪力;$\boldsymbol{f}$ 为单元所受海流力;$\boldsymbol{w}_s$ 为单元所受海床作用力;$\boldsymbol{w}_m$ 为立管单元的等效重量,可以看作立管湿重与浮筒湿重之差,即 $\boldsymbol{w}_m = \boldsymbol{w}_g - \boldsymbol{w}_b$,其中 $\boldsymbol{w}_g$ 是立管湿重,$\boldsymbol{w}_b$ 是浮筒湿重;$\boldsymbol{T}_e$ 为有效张力,参考图 2-2 建模方式,每

段中心的轴向弹簧阻尼器内的张力 $\boldsymbol{T}_e$ 为 s_z 方向的矢量,其大小为

$$T_e = T_w + (p_o a_o - p_i a_i) \tag{2-18}$$

式中: T_w 为管壁张力; p_o、p_i 分别为管壁外部与内部压力; a_o、a_i 分别为管壁外部与内部横截面应力面积。

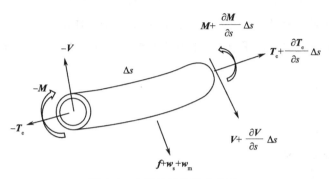

图 2-4 立管单元的受力分析

立管单元所受海流力 $\boldsymbol{f}$ 分为 x、y 方向,设稳定来流速度为 v_x; θ 为立管单元与水平面的夹角,则立管所受的海流力可以根据莫里森公式得到:

$$\begin{pmatrix} f_x \\ f_y \end{pmatrix} = \begin{pmatrix} -\sin\theta & \cos\theta \\ \cos\theta & \sin\theta \end{pmatrix} \begin{pmatrix} f_n \\ f_\tau \end{pmatrix} \tag{2-19}$$

$$f_n = -\frac{1}{2}\rho_w C_n D \left| v_x \sin\theta \right| v_x \sin\theta \tag{2-20}$$

$$f_\tau = \frac{1}{2}\rho_w C_\tau D \left| v_x \sin\theta \right| v_x \sin\theta \tag{2-21}$$

式中: f_n、f_τ 分别为海流法向和切向力; ρ_w 为海水密度; C_n、C_τ 为法向与切向的阻力系数; D 为立管外径。

不考虑管道扭转的影响,其弯曲平衡方程为

$$\frac{\partial \boldsymbol{M}}{\partial s} + \frac{\partial \boldsymbol{R}}{\partial s} \times \boldsymbol{V} = -\boldsymbol{q} \tag{2-22}$$

式中: $\boldsymbol{M}$ 为截面弯矩; $\boldsymbol{q}$ 为单位长度上的分布弯矩。

设 EI_m 为立管单元的等效弯曲刚度。EI_m 可以看作立管弯曲刚度与浮筒弯曲刚度之和,即 $EI_m = EI + EI_b$,则截面弯矩 $\boldsymbol{M}$ 与立管等效弯曲刚度 EI_m 的关系式为

$$\boldsymbol{M} = EI_m \frac{\partial \boldsymbol{R}}{\partial s} \times \frac{\partial^2 \boldsymbol{R}}{\partial s^2} \tag{2-23}$$

在考虑触地段所受的作用力 $\boldsymbol{w}_s$ 时,可将海床简化为一个具有假定厚度 δ 和临界阻尼的由独立弹簧组成的弹性垫, $z_s = z_s(x, y)$ 为其剖面坐标。假定管道的垂直高度小于海床的厚度,管道作用于海床上除了自重载荷外,还会有附加载荷 $\boldsymbol{y}_s$ 与阻尼载荷 $\boldsymbol{c}_s$ 的作用,不考虑管道惯性力和管道内部流体作用,海床反作用力 $\boldsymbol{w}_s$ 可表示为

$$\boldsymbol{w}_s = \left[-(\boldsymbol{n}\cdot\boldsymbol{w}_m + \boldsymbol{y}_s)\frac{(z_s - \boldsymbol{R}_z)n_z + \delta}{\delta} - \boldsymbol{c}_s \right]\cdot\boldsymbol{n} \tag{2-24}$$

$$y_s = \left[f + \frac{\partial(V + T_e)}{\partial s_\varepsilon} - m\frac{\partial^2 R}{\partial t^2} \right] \cdot n \tag{2-25}$$

$$c_s = 2m\sqrt{\frac{g}{\delta}} \frac{\partial R}{\partial t} \cdot n \tag{2-26}$$

当管道作业中途不脱离海床时方可使用此公式计算海床作用力 w_s。

利用上述集中质量法将立管微元段末端的拉剪力统一作用在对应质量点上,任何外部流体动力载荷叶集中在对应质量点上。将所有导数项替换为差分近似形式:

$$\frac{\partial T_e}{\partial s_{\varepsilon_k}} = \frac{T_{e_k} - T_{e_{k-1}}}{\Delta s_{\varepsilon_k}}$$

$$\frac{\partial V}{\partial s_{\varepsilon_k}} = \frac{V_k - V_{k-1}}{\Delta s_{\varepsilon_k}}$$

$$\frac{\partial M}{\partial s_{\varepsilon_k}} = \frac{M_{k+1} - M_k}{\Delta s_{\varepsilon_k}}$$

$$t_k = \frac{\partial R}{\partial s_{\varepsilon_k}} = \frac{R_{k+1} - R_k}{\Delta s_{\varepsilon_k}}$$

$$\frac{\partial^2 R}{\partial s_{\varepsilon_k}^2} = \frac{R_{k+1} - 2R_k + R_{k-1}}{\Delta s_{\varepsilon_k}^2}$$

其中,$\Delta s_{\varepsilon_k} = \dfrac{\Delta s_{\varepsilon_k} + \Delta s_{\varepsilon_{k-1}}}{2}$,$\Delta s_{\varepsilon_k} = |R_{k+1} - R_k|$,$k = [0, 1, \cdots, n-1]$ 代表质量点序号,$k = 0$ 表示管道与海底作业系统连接的端点,经过一系列处理得到第 k 点的运动方程为

$$M_k \frac{\partial^2 R_k}{\partial t^2} = T_{e_k} - T_{e_{k-1}} + V_k - V_{k-1} + f + w_{m_k} + F_{a_k} \tag{2-27}$$

式中:M_k 为质量矩阵;V_k 为剪力;T_{e_k} 为有效张力;f 为外部流体作用力;F_{a_k} 为附件带来的作用力(包括浮筒、配重块、浮力箱等);w_{m_k} 为忽略管内流体的单位微元段自重。质量矩阵仅考虑管体质量与附加质量,则质量矩阵 M_k 简化为如下形式:

$$M_k = m_k + \frac{1}{2}m_{a_k}T_k + \frac{1}{2}m_{a_{k+1}}T_{k+1} \tag{2-28}$$

式中:m_k 为质量点 k 点的质量;m_{a_k} 为立管第 k 点微元段所受附加质量;T_k 为第 k 点的转换矩阵,其表达式为

$$T_k = \begin{pmatrix} e_{x_k}^2 + e_{y_k}^2 & -e_{x_k}e_{y_k} & -e_{x_k}e_{z_k} \\ -e_{x_k}e_{y_k} & e_{x_k}^2 + e_{z_k}^2 & -e_{z_k}e_{y_k} \\ -e_{x_k}e_{y_k} & -e_{z_k}e_{y_k} & e_{z_k}^2 + e_{y_k}^2 \end{pmatrix} \tag{2-29}$$

式中:e_{x_k}、e_{y_k}、e_{z_k} 为第 k 点的切向向量 e_k 在 x、y、z 上的分量。

当立管位于流体中具有垂直于轴线方向的加速度时,会产生附加质量。立管微元段所受附加质量用 m_a 可表示为

$$m_a = \rho_w C_a \Delta s_\varepsilon A \tag{2-30}$$

式中:ρ_w 为外部流体密度;C_a 为附加质量系数;Δs_ε 为立管微元段长;A 为微元段截面面积。

剪力 V_k 可表示为

$$V_k = \frac{EI_{k+1} e_k \times (e_k \times e_{k+1})}{\Delta s_{\varepsilon_k} \Delta s_{\varepsilon_{k+1}}} - \frac{EI_k e_k \times (e_{k-1} \times e_k)}{\Delta s_{\varepsilon_k}^2} \qquad (2-31)$$

2.4.2　缓波型立管等效理论

根据 API RP 2RD,具有多层管结构的立管的整体分析,通常使用一个等效管模型来模拟,包括带浮筒的缓波型立管。所以,我们需要对缓波型立管进行等效截面的处理,主要处理管段为浮筒段,如图 2-5 所示。

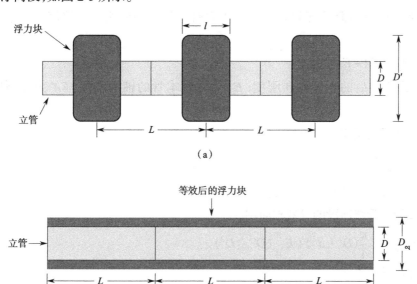

图 2-5　缓波型立管浮筒段等效截面处理

（a）等效前的立管浮筒段　（b）浮筒段等效示意图

1. 立管的外径等效

在浮动段等效前后需保持立管单位长度体积不变,得到以下公式:

$$\pi \frac{D_{eq}^2}{4} L = \pi \frac{D^2}{4} L + \pi \frac{(D'^2 - D^2)}{4} l \qquad (2-32)$$

式中: D_{eq} 为等效后的立管外径; D 为立管本管的外径; D' 为浮力块的外径; L 为浮力块的布置间隔长度; l 为浮力块长度。由此可以得到缓波型立管浮筒段的等效外径:

$$D_{eq} = \sqrt{D^2 + (D'^2 - D^2) \frac{l}{L}} \qquad (2-33)$$

2. 立管的抗弯刚度等效

缓波型立管浮筒段的等效抗弯刚度为立管本管的抗弯刚度与浮筒抗弯刚度线性叠加,即

$$EI_{eq} = EI + EI' \qquad (2-34)$$

式中: EI_{eq} 为等效后的立管抗弯刚度; EI 为立管本管的抗弯刚度; EI' 为浮筒段的抗弯刚度。

立管圆环形的截面惯性矩

$$I = \frac{\pi}{64} D^4 (1 - \alpha^4) \tag{2-35}$$

其中，$\alpha = \dfrac{d}{D}$，d 为立管内径，D 为立管外径。

故缓波型立管浮筒段的等效抗弯刚度

$$EI_{eq} = \frac{\pi E}{64}(D^4 - d^4) + \frac{\pi E}{64}(D'^4 - D^4) \tag{2-36}$$

3. 立管的轴向刚度等效

缓波型立管浮筒段的等效轴向刚度为立管本管的轴向刚度与浮筒轴向刚度线性叠加，即

$$EA_{eq} = EA + EA' \tag{2-37}$$

式中：EA_{eq} 为等效后的立管轴向刚度；EA 为立管本管的轴向刚度；EA' 为浮筒段的轴向刚度。

立管圆环形的面积

$$A = \frac{\pi}{4}(D^2 - d^2) \tag{2-38}$$

式中：D 为立管外径；d 为立管内径。

故缓波型立管浮筒段的等效轴向刚度

$$EA_{eq} = E\frac{\pi}{4}(D^2 - d^2) + E\frac{\pi}{4}(D'^2 - D^2) \tag{2-39}$$

4. 立管的质量等效

缓波型立管浮筒段的等效质量为立管本管质量与浮筒质量线性叠加，即

$$m_{eq} = m + m' \tag{2-40}$$

式中：m_{eq} 为等效处理后的立管质量；m 为立管本管的质量；m' 为浮筒段的质量。

考虑立管密度及体积，计算缓波型立管的质量

$$m = \rho V = \rho A L \tag{2-41}$$

式中：ρ 为立管密度；V 为立管在浮力块安装间距长度下的体积；A 为立管横截面面积；L 为立管浮力块安装间距。

故缓波型立管浮筒段的等效质量

$$m_{eq} = \frac{\rho \pi}{4}(D^2 - d^2)L + \frac{\rho' \pi}{4}(D'^2 - D^2)l \tag{2-42}$$

式中：ρ' 为浮筒密度；l 为浮筒长度。

2.5　疲劳评估理论

疲劳失效是构件在名义应力低于强度极限，甚至低于屈服极限的情况下，突然发生的脆性断裂。海上生产系统的安全事故中，有部分事件是结构局部疲劳失效造成的，这类事故带

来的损失和伤亡惨重。所以,在海洋工程中深水结构物的疲劳问题引起了多方关注。

对于深海结构物的疲劳分析,目前采用比较多的是运用雨流计数法对应力幅值进行统计,用 S-N 曲线法进行疲劳破坏循环次数的计算,再用 Miner 线性累积损伤准则得到其疲劳寿命。

2.5.1　雨流计数法

通常采用 S-N 曲线法前需要对数值模拟的结果进行统计,常用的方法有峰值计算方法、变程计数法和雨流计数法,每种方法的特点不同导致其应用范围有所区别。

目前,对载荷-时间历程的幅值统计方法有很多,在对深海立管进行疲劳寿命计算时多采用雨流计数法,该方法建立在对封闭的应力-应变迟滞回线进行逐个计数的基础上,较好地反映了应力随机变化的全过程。该过程可以由图 2-6 看出,其中(a)图为立管材料沿时间变化的应力加载曲线,(b)为材料应力-应变迟滞回线。图中用雨流计数法得到的大循环是 1—4—7,图(b)中 2—3—2′形成了一个小的迟滞回线,表示材料进入塑性,而 5—6—5′没有进入塑性,其迟滞回线是一条线。立管材料在这一应力加载历程可以看成是一个大循环与一个小循环组合而成。

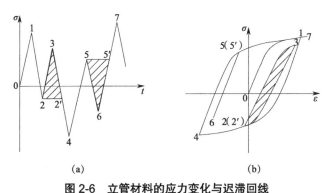

图 2-6　立管材料的应力变化与迟滞回线

(a)受载应力变化　(b)应力-应变迟滞回线

将载荷-时历图顺时针旋转 90° 后,图形形似高塔,计数时如同雨流从塔顶下落,故雨流法也被称为塔顶法,如图 2-7 所示。第一个雨流自 0 点处第一个谷的内侧流下,从 1 点落至 1′点后至 5 点,然后下落。第二个雨流从峰 1 点内侧流至 2 点落下,由于 1 点的峰值低于 5 点的峰值,故停止。第三个雨流从谷 2 点的内侧流到 3 点,自 3 点流下至 3′点,流到 1′点处遇到上面屋顶流下的雨流而停止。如此下去,可以得到 7 个循环:3—4—3′、1—2—1′、6—7—6′、8—9—8′、11—12—11′、13—14—13′ 和 12—15—12′;变程 0—5、5—10、10—15、15—16 和 16—17。这些变程构成了低—高—低谱,雨流计数法处理结果如图 2-8 所示。

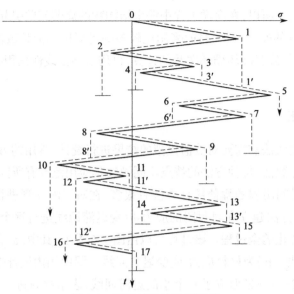

图2-7 雨流计数法计算原理

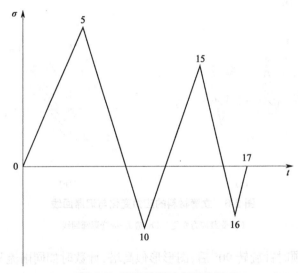

图2-8 雨流计数法处理结果

2.5.2 *S-N* 曲线疲劳损伤评估法

S-N 曲线法由于原理简单、可控性强等优点得以在工程中广泛应用。在深海复杂环境可能产生的交变应力作用下,应力低于屈服极限时深海结构物就可能发生疲劳损伤。以应力 S 为纵坐标,寿命 N 为横坐标,由金属材料疲劳试验测得的结果描绘成的曲线,称之为应力-寿命曲线或 *S-N* 曲线,当施加的应力值降到某一极限值时,*S-N* 曲线趋近于水平线,表示只要应力不超过这一极限值,疲劳寿命 N 可无限增长,该极限称为疲劳极限,如图2-9所示。其中 S 为应力幅值,N 为材料在该应力幅值作用下发生疲劳破坏的循环次数,也称为材料的

疲劳寿命,可用下式表示:

$$N = aS^{-m} \tag{2-43}$$

式中:a、m 为材料常数。

对式(2-43)两边取对数可以得到:

$$\lg N = \lg a - m \lg S \tag{2-44}$$

该公式为 S-N 曲线幂函数的经验公式,由此可见,该公式在双对数坐标图上为一根直线。

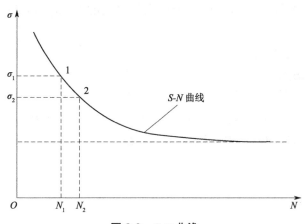

图 2-9 S-N 曲线

2.5.3 线性疲劳损伤理论

线性疲劳累积损伤理论是指在循环载荷作用下,疲劳损伤是可以线性累加的,各个应力之间相互独立和互不影响,当累加的损伤达到某一数值时,构件就发生疲劳损坏。

线性疲劳累积损伤理论中最经典的是 Palmgren-Miner 理论,简称 Miner 理论。由 Miner 线性疲劳累积损伤理论可知,材料受到一个循环载荷造成的损伤 D 可以表示为

$$D = \frac{1}{N} \tag{2-45}$$

式中:N 为对应于当前载荷水平 S 的疲劳寿命。

同样,在等幅载荷下,n 个循环载荷造成的损伤 D 可以表示为

$$D = \frac{n}{N} \tag{2-46}$$

在变幅载荷下,n 个循环载荷造成的损伤 D 可以表示为

$$D = \sum_{i=1}^{n} \frac{1}{N_i} \tag{2-47}$$

式中:N_i 为对应于当前载荷水平 S_i 的疲劳寿命。

2.6　本章小结

　　本章介绍了浮式平台系泊失效的水动力数值模型构建理论,包括时域运动方程、面元模型、莫里森模型、系泊模型等,并介绍了风、浪、流等海洋环境载荷条件及缓波型立管力学模型构建理论,采用集中质量法对立管进行建模,考虑了立管单元所受海流力、海床作用力等;随后还介绍了缓波型立管等效理论,包括立管外径等效、抗弯刚度等效、轴向刚度等效以及质量等效;最后,对主流的疲劳评估理论进行了阐述,包括目前应用最广的雨流计数法、*S-N*曲线疲劳损伤评估法,同时还对线性疲劳损伤理论中的 Palmgren-Miner 理论进行了简单说明。

本章部分图例

说明:为了方便读者直观地查看彩色图例,此处节选了书中的部分内容进行展示。页面左侧的页码,为您标注了对应内容在书中出现的位置。

第3章 基于多失效模式的系泊失效多级概率鲁棒性评估框架

3.1 引言

与陆上结构相比,海上结构的鲁棒性评估研究才刚刚起步,目前针对系泊失效下海洋平台的鲁棒性评估框架的研究很少。现有的相关研究几乎都是固定式平台,如导管架平台等。由于同属于框架结构,土木工程结构鲁棒性的研究相对容易迁移到固定式海洋平台的鲁棒性评估中。但对于浮式海洋平台,如张力腿平台、Spar、半潜式平台等,是通过系泊锚定到海底的,与框架结构大有相同。系泊系统一旦发生局部失效,将增大水动力分析的难度,也进一步增加鲁棒性评估的难度。

在初始系泊失效后,浮式平台会经历一系列的失效及恢复过程。基于已有的失效案例、报告,本书将局部系泊失效后浮式平台面临的连续失效模式总结为3种,分别为多系泊失效、过度偏移和平台倾覆,如图3-1所示为系泊失效下的浮式平台的连续失效过程示意图,图3-2为度偏移及平台倾覆失效模式示意图。

(1)多系泊失效。初始系泊失效将增加剩余系泊的载荷,使其易于发生连续失效。注意,连续多系泊失效也增大了以下两种失效模式的发生概率。

(2)过度偏移。局部系泊失效将降低系泊系统维持平台在位状态的能力。当剩余系泊没有足够能力限制平台的水平偏移时,在极端环境载荷的作用下,平台可能发生过度偏移。过大的偏移量将增大立管及系泊等构件与平台接头处的转角,增加了立管等其他构件的失效风险,进一步可能诱发油气泄漏。值得注意的是,本研究只考虑了直接失效模式,故油气泄漏等间接失效后果暂时不予考虑。

(3)平台倾覆。局部系泊失效也影响了平台的平衡,增大了平台上部浮体的倾斜角,在恶劣海况中可能导致毁灭性的平台倾覆的事故灾害。

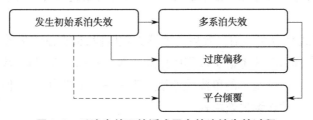

图 3-1 系泊失效下的浮式平台的连续失效过程

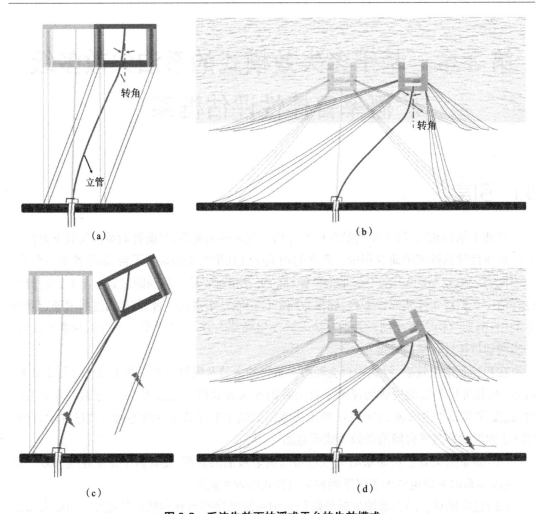

图 3-2　系泊失效下的浮式平台的失效模式
（a）张力腿平台过度偏移　（b）半潜式平台过度偏移　（c）张力腿平台倾覆　（d）半潜式平台倾覆

此外还应考虑系统结构的非线性及多种不确定性,全面有效地评估系统抵抗连续失效的能力,提高鲁棒性评估的准确性。本章主要考虑了 3 种不确定性:一是外部载荷环境不确定性——在服役期间,平台所处海况复杂,风浪流等随机载荷具有不确定性;二是响应不确定性——由于结构的非线性,平台张力响应及运动响应也具有随机性;三是当评估系泊是否会发生连续失效时,还需要考虑系泊承载力的不确定性,故还需要考虑系泊材料属性的不确定性。

本章着眼于浮式平台在系泊失效后的连续失效阶段,根据系泊失效下的浮式平台主要面临的多种连续失效模式,并考虑了过程中伴随的多种不确定性因素,首次构建了综合的鲁棒性评估框架,包含了 3 条基本的鲁棒性评估过程——基于张力、水平偏移和平台转角的鲁棒性评估,分别对应 3 种连续失效模式。

本章的结构安排概述如下:3.2 节详细介绍了多级概率鲁棒性评估框架,包括 3 种基本鲁棒性评估过程和综合鲁棒性评估结果的计算;3.3 节将所提框架应用于某经典张力腿平台的案例分析研究,以说明和验证方法,评价在不同数量系泊失效时的鲁棒性水平,并在 3.4 节和 3.5 节分别讨论筋腱失效组合及强度等级对结构鲁棒性的影响,最后在 3.6 节中概述结论和观点。

3.2　基于多失效模式的多级概率鲁棒性评估框架构建

基于系泊失效下的多种连续失效模式,本章所构建的多级概率鲁棒性框架如图 3-3 所示。本框架共包括 3 个步骤,分别为评估数据获取,基本的鲁棒性评估及综合的鲁棒性评估。

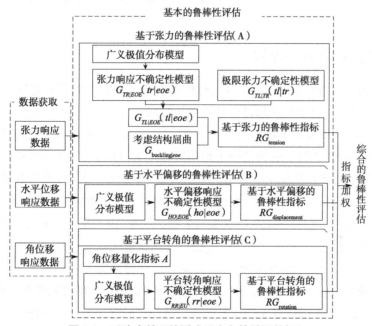

图 3-3　系泊失效下的浮式平台鲁棒性评估框架

第一步:评估数据获取。本书的评估数据主要是通过水动力数值模拟计算得到的,考虑环境不确定性,在不同重现期的海况下分别进行 3 h 的极端海况时域分析,以得到局部系泊失效下的浮式平台的张力响应数据及运动响应数据。

第二步:针对 3 种连续失效模式,运用第一步所获取的张力、水平位移及角位移响应数据,进行 3 种基本的鲁棒性评估。3 种鲁棒性评估指标分别定义为:①基于张力的鲁棒性定义为初始系泊失效后,下一根系泊发生失效的概率,此为评估平台发生多系泊连续失效的情况;②基于水平偏移的鲁棒性定义为初始系泊失效后,平台发生过度偏移的概率;③基于平台转角的鲁棒性是评估平台倾覆的失效模式的指标,定义为两个连续失效状态之间的平台转角大小,如系泊完好状态的平台与单根系泊失效时的平台之间的平台转角大小,单根系泊失效的平台与两根系泊失效的平台之间的平台转角大小等。

评估过程考虑了环境、响应和材料属性的不确定性。其中,处理环境不确定性是关键点。通过大量的概率性地震需求分析（Probabilistic Seismic Demand Analysis，Cornell 发现当地面运动强度确定时，条件地震需求中值和地面运动强度满足幂函数关系。在本研究中，海况强度表示为极端海况的重现期。在给定极端环境下，局部系泊失效下平台的3个特征响应，即张力、水平偏移和角位移，其不确定性可用广义极值分布模型拟合，分布模型的参数可估计为与海况重现期 T 相关的幂函数的形式。为了处理材料属性不确定性，假设系泊抗力的相关参数（例如极限抗张强度、外径和壁厚等）满足恰当的概率分布模型。运用全概率公式整合多种不确定性，分别得到3个基本鲁棒性指标。这3个基本鲁棒性指标可以用与不同极端环境的重现期 T 相关的曲线来表示。

第三步，通过对每个基本评估指标进行加权，得到综合鲁棒性指标。

3种基本的鲁棒性评估指标及综合鲁棒性评估指标计算的详细过程将在以下小节中展开详述。

3.2.1　基于张力的鲁棒性评估

基于张力的鲁棒性评估考虑了环境、材料属性和张力响应的不确定性，评估过程如图3-3中（A）部分所示。对于采用悬链式系泊缆的浮式平台，由于其不会发生屈曲失效，故基于张力的鲁棒性评估仅需考虑系泊破断的失效模式，不需要进行屈曲失效计算；而对于张力腿平台，基于张力的鲁棒性评估则需要考虑两种系泊失效模式，包括筋腱破断和筋腱屈曲，通过二者加权计算得到评估结果。当局部系泊失效时，剩余筋腱不仅会有破断风险，还可能发生屈曲。尤其是当同一支柱下的两根筋腱失效时，浮体结构的倾斜增加了对角线支柱下筋腱的屈曲失效概率。Kim 在研究中也提到了相关现象，由于张力腿平台猛然向下的横摇-纵摇转动，一侧筋腱的张力会突然减小，可能会在该处造成瞬态压缩或屈曲。因此，对于张力腿结构，在进行基于张力的鲁棒性评估时，应考虑筋腱屈曲失效的概率，尤其是在同一根立柱下的所有筋腱同时失效的情况下。以下为分别考虑系泊破断和屈曲两种系泊失效的基于张力的鲁棒性评估的计算，以及综合考虑两种系泊失效情况的计算过程。

1. 考虑系泊破断的基于张力的鲁棒性评估

首先，通过水动力模拟可得到系泊张力响应数据，根据各时刻剩余系泊的最大张力响应，建立剩余系泊张力的概率分布模型。某一特定环境的剩余系泊张力概率分布模型可表示为

$$G_{TR|EOE}(tr|eoe) = P(TR \geq tr|EOE = eoe) \tag{3-1}$$

式中：TR 为张力响应，此处为各时刻剩余系泊的最大张力响应；EOE 为极端海洋环境。通常，$G_{TR|EOE}(tr|eoe)$ 符合广义极值分布形式，Gumbel 分布。广义极值分布和 Gumbel 分布常用于模拟浮式结构在极端载荷下的长期响应概率分布曲线。根据 Fisher-Tippett 极值类型定理，设 X 为独立同分布随机变量序列，样本最大值的非退化分布只有3种，它们可以表示为统一的形式：

$$H(x;\mu,\sigma,\xi) = \exp\left\{-\left(1+\xi\frac{x-\mu}{\sigma}\right)^{-1/\xi}\right\} \quad 1+\xi(x-\mu)/\sigma > 0 \tag{3-2}$$

式中：ξ、μ 和 σ 分别为概率分布模型的形状参数、位置参数和尺度参数，μ、$\xi \in \mathbf{R}$，$\sigma > 0$，称 H 为广义极值分布（Generalized extreme value distributions），记为 GEV 分布；当 $\xi > 0$，$\xi < 0$ 和 $\xi = 0$ 时，H 分别表示 Frechet 分布、Weibull 分布和 Gumbel 分布。通过大量的非线性回归计算，研究发现式（3-2）中 GEV 分布的参数可以用与海况重现期 T 相关的幂函数的形式进行估计：

$$(\xi, \sigma, \mu)_{TR|EOE} = a(T)^b \qquad (3\text{-}3)$$

式中：a、b 为拟合参数。

考虑系泊尺寸和强度的不确定性，系泊极限张力 TL 可表示为

$$TL(x) = UTS \times TA(OD, WT) \qquad (3\text{-}4)$$

式中：UTS 为系泊的极限抗拉强度；TA 为系泊的横截面积，受 OD（系泊外径）和 WT（系泊壁厚）的影响。

系泊极限张力的条件概率可表示为

$$G_{TL|TR}(tl|tr) = P(TR \geqslant TL|TR = tr) \qquad (3\text{-}5)$$

基于全概率定理，通过卷积计算公式（3-1）和式（3-5），可得到局部系泊失效下剩余系泊失效的概率：

$$G_{TL|EOE}(tl|eoe) = P(TR \geqslant TL|EOE = eoe) = \int_{tr} G_{TL|TR}(tl|tr)dG_{TR|E}(tr|eoe) \qquad (3\text{-}6)$$

此即为所求的考虑系泊破断的基于张力的鲁棒性评估指标。对于半潜式平台的悬链线系泊缆，考虑系泊破断的基于张力的鲁棒性评估指标即为最终的基于张力的鲁棒性评估指标。

2. 考虑系泊屈曲的基于张力的鲁棒性评估

系泊发生屈曲失效的判定标准定义为局部系泊失效后，剩余系泊的张力最小值 TR_2 小于 0。在给定的海况条件下，系泊发生屈曲的概率

$$G_{\text{buckling}|eoe} = P(TR_2 < 0|EOE = eoe) \qquad (3\text{-}7)$$

式中：TR_2 为张力响应，此处为各时刻剩余系泊的最小张力响应。用于计算 $G_{TL|EOE}(tl|eoe)$ 的张力是剩余系泊的张力最大值，而用于计算 $G_{\text{buckling}|eoe}$ 的张力是张力最小值，为筋腱顶部横截面处的张力。

3. 基于张力的鲁棒性评估指标

通过对两种系泊失效模式加权计算得到基于张力的鲁棒性评估指标。

基于张力的鲁棒性指标被定义为局部系泊失效下，下一根系泊发生失效的概率。通过对两种失效模式进行加权计算，所得的最终的基于张力的鲁棒性评估指标可表示为

$$RG_{\text{tension}} = \begin{cases} G_{TL|EOE}(tl|eoe) & \text{不考虑屈曲} \\ w_{TL} \cdot G_{TL|EOE}(tl|eoe) + w_{\text{buckling}} \cdot G_{\text{buckling}|eoe} & \text{考虑屈曲} \end{cases} \qquad (3\text{-}8)$$

式中：w_{TL}、w_{buckling} 分别为考虑系泊破断和系泊屈曲的鲁棒性评估指标的权重。通常，迎浪一侧的系泊容易因破断而失效，其数量记为 N_{TL}，而背浪一侧的系泊容易因屈曲而失效，其数

量记为N_{buckling},另将局部系泊失效发生后剩余系泊的总数记为N,根据发生两种失效模式的系泊数量的占比情况,将对应的权重设定为

$$\begin{cases} w_{TL} = \dfrac{N_{TL}}{N} \\ w_{\text{buckling}} = \dfrac{N_{\text{buckling}}}{N} \end{cases} \qquad (3\text{-}9)$$

RG_{tension}值越大,意味着剩余系泊发生失效的概率越大,即系泊发生连续失效的可能性越大,这表明结构在基于张力的鲁棒性方面表现越差。

3.2.2 基于水平偏移的鲁棒性评估

基于水平偏移的鲁棒性评估考虑了环境和水平位移响应的不确定性,评估过程如图3-3中(B)部分所示。根据不同重现期海况下,平台发生局部系泊失效后的位移响应数据(主要为横荡和纵荡),构建平台水平位移的概率分布模型:

$$G_{HO|EOE}(ho|eoe) = P(HO \geqslant ho|EU = eoe) \qquad (3\text{-}10)$$

式中:HO为平台浮体结构的水平欧氏距离。

通常情况下,$G_{HO|EOE}(ho|eoe)$满足广义极值分布,其概率分布模型的参数可以通过与海况重现期T相关的幂函数形式进行有效估计:

$$(\xi, \sigma, \mu)_{HO|EOE} = a(T)^b + c \qquad (3\text{-}11)$$

式中:a、b、c为拟合参数。

此时,采用包含两个项的幂函数进行拟合能够比单个项的幂函数取得更好的效果。根据具体平台形式的差异,可以在拟合过程中灵活地增减幂函数的项,以实现更优越的拟合效果。

一些规范强调了浮式平台的最大允许偏移范围,以确保甲板间隙,保证刚性立管的安全性。根据规范ISO 19901-7,浮式平台的通常最大允许偏移范围在水深的8%~15%。本书基于项目经验,将水平偏移的限制设置在工作水深的10%以内。在实际运用时,水平偏移限制还需要综合考虑甲方要求以及具体平台的立管配置等因素,以确定最合适的值。确定了水平偏移的限制ho_{fail}之后,可将式(3-10)中的ho替换为ho_{fail},以计算随着海况变化的基于水平偏移的鲁棒性评估指标。该指标被定义为局部系泊失效下,平台发生过度偏移的概率,可用下式表示:

$$RG_{\text{displacement}} = P(HO \geqslant ho_{\text{fail}}|EOE = eoe) \qquad (3\text{-}12)$$

其中,$RG_{\text{displacement}}$值越大意味着平台发生过度偏移的概率越大,这表明结构在基于水平偏移的鲁棒性方面表现越差。

3.2.3 基于平台转角的鲁棒性评估

当平台的系泊系统完好时,其对称布局可以确保平台浮体结构的稳定性。然而,在局部系泊失效的情况下,系泊系统分布的不平衡会增加平台的倾斜程度。一侧的系泊会承担更多的载荷,而另一侧则承担较少的载荷,从而增加了系统的不稳定性,甚至可能导致平台倾

覆。目前的规范对于浮式平台自由漂浮条件下的稳定性要求有明确规定,要求无论处于完好状态还是损坏状态,浮体结构都应具有稳定性,通常,需要进行倾斜试验以验证其稳定性。规范 DNVGL-OS-E301 还特别提出了损伤稳定性要求,并基于力矩计算损伤后的倾斜角度。但是这些要求仅适用于自由漂浮条件。对于不处于自由漂浮状态,有系泊的实际工作条件,规范中未作明确规定。

　　基于平台转角的鲁棒性评估考虑了环境不确定性和平台角位移响应的不确定性,该评估过程如图 3-3 中(C)部分所示。首先,本书提出了一种有效量化平台转动量的方法。在不同系泊失效情况下,浮式平台的浮体结构发生不同程度的倾斜。将不同系泊失效状态下浮体结构两个平面之间的夹角记为 A ,如图 3-4 所示。

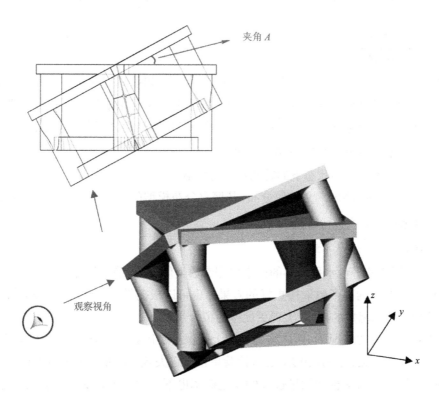

图 3-4　局部系泊失效下浮体结构的平台转动角 A

　　平台浮体结构为刚体,本书将其欧拉角变换矩阵定义为结构先后绕局部结构坐标系(Local Structure Axes,LSA)的 x、y、z 轴的顺序旋转,并表示为以下矩阵乘积的形式:

$$E = E_z E_y E_x$$

$$= \begin{pmatrix} \cos\theta_2\cos\theta_3 & \begin{matrix}\sin\theta_1\sin\theta_2\cos\theta_3 - \\ \cos\theta_1\sin\theta_3\end{matrix} & \begin{matrix}\cos\theta_1\sin\theta_2\cos\theta_3 + \\ \sin\theta_1\sin\theta_3\end{matrix} \\ \cos\theta_2\sin\theta_3 & \begin{matrix}\sin\theta_1\sin\theta_2\sin\theta_3 + \\ \cos\theta_1\cos\theta_3\end{matrix} & \begin{matrix}\cos\theta_1\sin\theta_2\sin\theta_3 - \\ \sin\theta_1\cos\theta\end{matrix} \\ -\sin\theta_2 & \sin\theta_1\cos\theta_2 & \cos\theta_1\cos\theta_2 \end{pmatrix} \quad (3\text{-}13)$$

式中：θ_1、θ_2、θ_3分别为结构的横摇、纵摇和艏摇的角度。

假设有平台浮体结构的两个相邻状态，将前一状态的局部结构坐标系定义为系统的固定参考系（Fixed Reference Axes，FRA），此刻浮体结构的重心位置表示为向量$(0,0,0)^{\mathrm{T}}$。$\boldsymbol{I}_1$和$\boldsymbol{I}_2$分别为前后两个不同状态的浮体结构甲板的法向量：

$$\boldsymbol{I}_1 = (x_1,y_1,z_1)^{\mathrm{T}} - (0,0,0)^{\mathrm{T}} \tag{3-14}$$

$$\boldsymbol{I}_2 = (x_2,x_2,x_2)^{\mathrm{T}} - (0,0,0)^{\mathrm{T}} = \boldsymbol{E}\cdot\boldsymbol{I}_1 \tag{3-15}$$

其中，$(x_1,y_1,z_1)^{\mathrm{T}}$为$\boldsymbol{I}_1$在前一状态的局部坐标系及系统的固定坐标系下的矢量端点的位置；$(x_2,y_2,z_2)^{\mathrm{T}}$为$\boldsymbol{I}_2$在固定坐标系下的矢量端点的位置；$\boldsymbol{I}_2$为$\boldsymbol{I}_1$经欧拉旋转变换$\boldsymbol{E}$后的法向量，故两个法向量的夹角即为相邻两状态的浮体结构甲板平面的夹角，夹角A可通过下式计算得到：

$$\cos A = \frac{\boldsymbol{I}_1\cdot\boldsymbol{I}_2}{|\boldsymbol{I}_1||\boldsymbol{I}_2|} \tag{3-16}$$

通过上述计算可得到不同失效状态下夹角A的大小，如系泊完好的平台和单根系泊失效下的平台之间的转动变化量，单根系泊失效下的平台和两根系泊失效下的平台之间的转动变化量。基于转动变化量数据，可建立特定环境下的平台转角概率分布模型：

$$G_{RR|EOE}(rr|eoe) = P(RR \geqslant rr|EOE = eoe) \tag{3-17}$$

式中：RR为平台在不同系泊状态下的转动量A的大小。

通常$G_{RR|EU}(rr|eoe)$满足广义极值分布，其概率分布模型的参数也可以通过与海况重现期T相关的幂函数的形式进行有效估计：

$$(\xi,\sigma,\mu)_{RR|EOE} = a(T)^b + c \tag{3-18}$$

与3.2.2节所述的平台水平位移的概率模型参数类似，此时采用包含两个项的幂函数进行拟合能够比单个项的幂函数取得更好的效果。也可以根据具体平台形式的差异，在拟合过程中灵活地增减幂函数的项，以实现更优越的拟合效果。

在单根系泊失效的情况下，浮体结构基本上能保持平衡状态，不产生明显的转动变化。这与设计规范要求一致，API-RP-2T要求检验单根筋腱失效下的张力腿平台的鲁棒性。同时，随着海况强度变大，平台转动量过大的发生概率也不会发生很大变化。由此可见，平台转动量过大的发生概率不能很好地对结构鲁棒性进行分级评估。因此，本节不采用平台转角失效概率来评估基于平台转角的鲁棒性，而采用了概率分布模型的分位数量化不同系泊状态之间的转动情况，以便于更全面地了解平台转角变化的分布情况，从而更好地衡量基于平台转角的鲁棒性。将该指标定义为相邻两个系泊状态之间转动变化量的累积分布函数（Cumulative distribution function，CDF）的分位数：

$$RG_{\mathrm{rotation}} = rr_{p|EOE=eoe} \quad 0 < p < 1 \tag{3-19}$$

其中，$G_{RR|EOE}(rr_p|eoe) = 1 - p$。在本章的应用案例分析中，分位点的概率$p = 2/3$，表明在所构建的概率分布模型中，平台转动量小于$rr_p$的概率为$2/3$。对于其他评估对象及评估场景，评估方可以根据具体需求设定p的值。

RG_{rotation}指标值越大,表明两个连续失效状态之间的转动变化越明显,即基于平台转角的鲁棒性的表现就越差。

3.2.4　综合鲁棒性评估指标

在上述 3 种基本评估的基础上,本节运用熵值法对三者进行加权,得到综合鲁棒性评估指标。目前确定指标权重的方法大致可分为 3 种:主观赋权法、客观赋权法与综合赋权法。其中,熵值法是广泛使用的一种客观赋权法,基本原理为通过信息熵确定指标的权重。熵值是信息论中测定系统不确定性的量,反映了不同评估属性之间的相对重要性,表征内在信息和属性之间的关系,信息量越大,不确定性越小,熵也越小;反之,信息量越小,熵则越大。这种确定指标权重的方法与主观赋值法相比,具有更高的精度和更强的客观性,能够更客观地根据实际情况确定各工况下鲁棒性评价指标的权重。若某个指标的熵值越小,表明其指标值的变异越大,在综合评价中信息量越大,所起的作用越大,其权重也应越大。运用熵值法确定指标权重的步骤如下。

(1)构建评估属性数据矩阵。以相同的重现期间隔 ΔT,将源于式(3-8)、式(3-9)和式(3-19)的 3 条基本鲁棒性评估指标曲线离散为随着重现期变化的 m 个点。每一个点表示在某个特定重现期 T_i 的海况下,某一个基本鲁棒性评估值 x_{ij}。据此构建评估属性数据矩阵 $\boldsymbol{X} = (x_{ij})_{m \times 3}$,可表示为

$$\boldsymbol{X} = \begin{array}{c} \\ T_1 \\ T_2 \\ \vdots \\ T_m \end{array} \begin{pmatrix} RG_{\text{tension}} & RG_{\text{displacement}} & RG_{\text{rotation}} \\ x_{11} & x_{12} & x_{13} \\ x_{21} & x_{22} & x_{23} \\ \vdots & \vdots & \vdots \\ x_{m1} & x_{m2} & x_{m3} \end{pmatrix} \tag{3-20}$$

(2)对原始数据矩阵进行归一化,归一化后的属性值 p_{ij} 可表示为

$$p_{ij} = \frac{x_{ij}}{\sum\limits_{i=1}^{m} x_{ij}} \quad 1 \leqslant i \leqslant m, 1 \leqslant j \leqslant 3 \tag{3-21}$$

(3)计算第 j 个指标的熵值:

$$e_j = -k \cdot \sum_{i=1}^{m} p_{ij} \ln p_{ij} \tag{3-22}$$

其中,$k = 1/\ln m$。

(4)计算第 j 个指标的差异系数,定义差异系数 g_j,即

$$g_j = 1 - e_j \quad 1 \leqslant j \leqslant 3 \tag{3-23}$$

(5)确定指标权重。第 j 个指标的权重为

$$w_j = \frac{g_j}{\sum\limits_{k=1}^{n} g_k} \quad 1 \leqslant j \leqslant 3 \tag{3-24}$$

指标权重向量 $\boldsymbol{W} = (w_1, w_2, w_3)$ 表示各基本评估属性对评估的相对重要性。

在每个基本评估部分中,较大的数值意味着较差的鲁棒性表现。由三者加权得到的综合鲁棒性值越大,则表示鲁棒性水平越低。

3.3　应用案例分析

本章应用案例分析的研究对象与第5章5.5节的应用案例一致,研究对象的结构布置、几何参数及海况数据等均如3.3.1节所述。假设失效筋腱为T1,则位于同一立柱下的筋腱T2是最有可能发生连续失效的。据此,此例的张力腿平台(Tension Leg Platform, TLP)的3种状态分别为完好平台、单根筋腱T1失效下的TLP以及T1和T2两根失效下的TLP。如第5章的案例分析所述,如果结构鲁棒性水平过低,则TLP可能连续出现上述3种失效状态。基于本章所提的鲁棒性评估框架,本节将深入研究T1失效及T1和T2同时失效的两种失效状态下TLP的鲁棒性,并将在3.4节进一步分析在两根筋腱同时失效的情况下,不同筋腱失效组合对鲁棒性水平的影响,在3.5节探究提升筋腱强度对浮式平台鲁棒性的作用。

3.3.1　研究对象

本章应用案例选取的研究对象是一个经典的四立柱式张力腿平台(International Ship and Offshore Structures Congress Tension Leg Platform, ISSC TLP),由平台上部浮体结构(包含4个垂直立柱和4根水平浮筒)、8根张力腿筋腱(每根立柱下有2根筋腱)和海底固定基础组成。张力腿平台结构布置如图3-5所示,具体参数见表3-1。

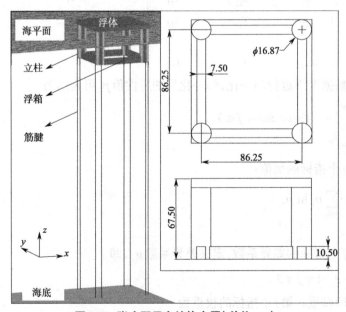

图3-5　张力腿平台结构布置(单位:m)

3.3.2　水动力分析模型

基于第2章节所述理论在 ANSYS® AQWA™ 中建立如图3-6所示的数值模型,平台上部浮体结构由面元模型和莫里森模型模拟,面元模型用于模拟浮体湿表面,其被水线面分割为水上和水下两部分,图中红色直线为所布置的 8 个莫里森模型,筋腱用 tether 单元进行模拟,8 根筋腱布置及编号如图所示(彩图可扫描章末二维码查看,后同)。水深为 450 m。张力腿平台的风力系数矩阵见表 3-2,表中的 x, y, z, Rx, Ry 和 Rz 分别代表了在平台 6 个自由度上形成的风力数值。

表 3-1　张力腿平台几何参数

参数	单位	数值
立柱中心距	m	86.25
立柱直径	m	16.87
浮箱宽度	m	7.50
浮箱高度	m	10.50
平台吃水	m	35.00
排水量	kg	$54.5×10^6$
总质量	kg	$40.5×10^6$
筋腱预张力	kg	$14.0×10^6$
横摇惯性矩	kg·m²	$82.37×10^9$
纵摇惯性矩	kg·m²	$82.37×10^9$
艏摇惯性矩	kg·m²	$98.07×10^9$
中心距底部垂向高度	m	38.0
筋腱长度	m	415.0
筋腱总垂向刚度	kN/m	$0.813×10^6$
横摇/纵摇等效刚度	kN·m/rad	$1.501×10^6$

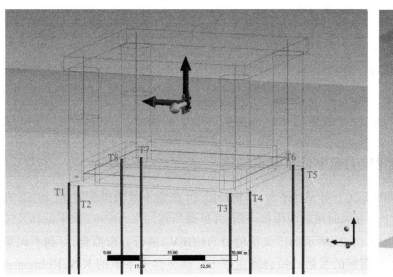 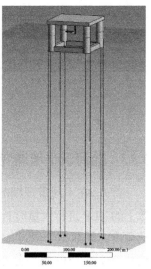

图 3-6　张力腿平台浮体-筋腱水动力计算数值模型

表 3-2　张力腿平台的风力系数矩阵

方向	x	y	z	Rx	Ry	Rz
	单位:N/(m/s)²			单位:N·m/(m/s)²		
−180°	−4 000	0	0	0	−140 000	0
−135°	−2 970	−2 970	0	103 950	−103 950	0
−90°	0	−4 000	0	140 000	0	0
−45°	2 970	−2 970	0	103 950	103 950	0
0°	4 000	0	0	0	140 000	0
45°	2 970	2 970	0	−103 950	103 950	0
90°	0	4 000	0	−140 000	0	0
135°	−2 970	2 970	0	−103 950	−103 950	0

　　通过与参考文献 [142] 对比,验证了该模型的准确性,部分对比图(浪向 22.5° 下 6 自由度的响应)如图 3-7 所示。图中红线为本研究使用的 TLP 数值模型的数据,黑色散点为参考文献的数据。数值模型先后经过频域计算和时域计算,得到不同筋腱失效下剩余筋腱的张力响应数据。由于篇幅所限,本节以千年一遇海况下不同筋腱失效情况时,筋腱 T3 的张力响应数据为例,展示了部分结果,如图 3-8 所示。

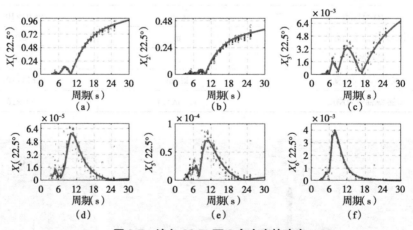

图 3-7　浪向 22.5° 下 6 自由度的响应
(a)纵荡　(b)横荡　(c)垂荡　(d)横摇　(e)纵摇　(f)艏摇

3.3.3　随海况重现期变化的概率分布模型构建

　　首先,在不同重现期的海况下对完好平台、单根筋腱 T1 失效下及两根筋腱 T1 和 T2 失效下的 TLP 进行大量时长 3 h 的时域响应模拟分析,并处理所得的张力响应、水平偏移及转动角度 A 的数据。通过如式(3-2)所示的广义极值分布(GEV)进行分布拟合,得到不同系泊状态下对应的概率分布模型的参数。拟合通过了 5% 显著性水平下的 K-S(Kolmogorov-Smirnov)拟合优度检验,其拟合优度也可通过分位数-分位数图(Quantile-Quantile Plot,

Q-Q 图）展示,以 TLP 在千年一遇海况条件下 T1 和 T2 失效的情况为例,如图 3-9 所示。不同重现期下,模型的形状参数 ξ 的值略有不同,如图 3-10 所示。为了简化计算,本节将 GEV 模型的形状参数 ξ 设为定值,数值见表 3-3,简化后的模型同样通过了拟合优度测试。

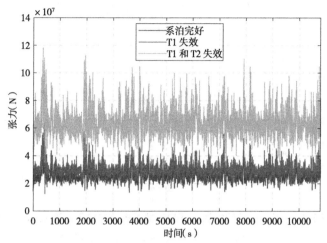

图 3-8　千年一遇海况下不同筋腱失效时筋腱 T3 的张力响应数据

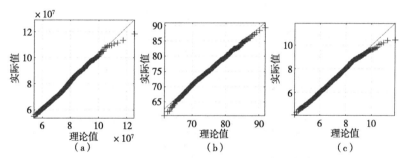

图 3-9　千年一遇海况下 T1 失效的张力腿平台的概率分布模型的 Q-Q 图

（a)张力响应　（b)水平位移响应　（c)平台转角响应

表 3-3　不同失效情况下的形状参数 ξ 值

	张力响应概率分布模型	水平偏移响应概率分布模型	平台转角响应概率分布模型
T1 失效	0	-0.167 2	-0.122 5
T1 和 T2 失效			-0.087 4

通过非线性拟合,将张力、水平位移、平台转角 A 的 GEV 模型的参数以海况重现期 T 相关的幂函数的形式表示,得到 T1 失效下及 T1 和 T2 失效下的响应概率分布模型的参数与环境参数之间的关系,如图 3-11 至图 3-13 所示。图中蓝色的菱形代表上述概率分布拟合得到的 GEV 模型的参数,而红线表示非线性拟合后的幂函数关系曲线。

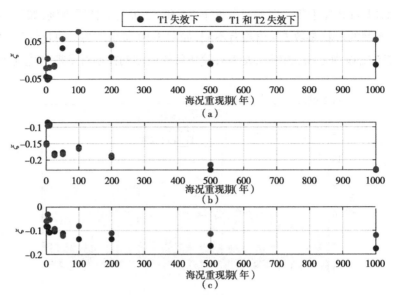

图 3-10   不同重现期的海况下响应的概率分布模型的形状参数 ξ 值
（a）张力响应   （b）水平位移响应   （c）平台转角响应

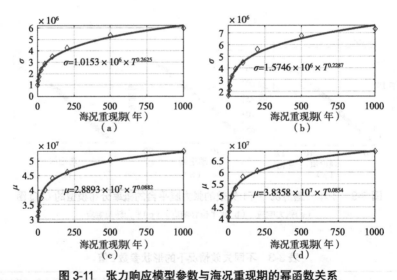

图 3-11   张力响应模型参数与海况重现期的幂函数关系
（a）T1 失效下 -σ   （b）T1 和 T2 失效下 -σ   （c）T1 失效下 -μ   （d）T1 和 T2 失效下 -μ

基于非线性拟合所得的幂函数，可以获得不同重现期的海况下局部系泊失效时的张力、水平位移及平台转角的响应概率分布模型参数。为了简化计算，将海况重现期区间从一年一遇到千年一遇，以一年回归期为间隔离散化，获得各重现期海况下响应的概率分布模型 $G_{TR|EOE}(tr|eoe)$、$G_{HO|EOE}(ho|eoe)$、$G_{RR|EOE}(rr|eoe)$，并应用于 3.2 节所构建的基于 3 种失效模式的鲁棒性评估指标计算中，具体结果如下分节详述。

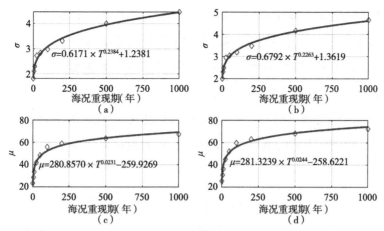

图 3-12 水平位移响应概率分布模型参数与海况重现期的幂函数关系

（a）T1 失效下 -σ （b）T1 和 T2 失效下 -σ （c）T1 失效下 -μ （d）T1 和 T2 失效下 -μ

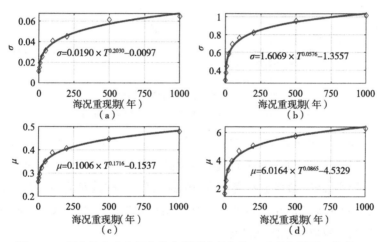

图 3-13 平台转角响应概率分布模型参数与海况重现期的幂函数关系

（a）T1 失效下 -σ （b）T1 和 T2 失效下 -σ （c）T1 失效下 -μ （d）T1 和 T2 失效下 -μ

3.3.4 基于张力的鲁棒性评估结果

通过蒙特卡罗模拟（Monte Carlo Simulation，MCS），获得了条件概率 $G_{TL|TR}(tl|tr)$。本节的系泊尺寸（包括外径及壁厚）及极限抗拉强度变量的统计参数见表 3-4。

表 3-4 系泊极限张力的基本统计随机变量

随机变量	平均值	标准差	分布
极限抗拉强度（MPa）	563.8	0.05	对数正态分布
筋腱外径（mm）	1 016	0.03	正态分布
筋腱壁厚（mm）	38	0.05	正态分布

不考虑筋腱屈曲的基于张力的鲁棒性 $G_{TL|EOE}(tl|eoe)$ 可通过全概率公式卷积 $G_{TR|EOE}(tr|eoe)$ 和 $G_{TL|TR}(tl|tr)$ 计算得到。如图 3-14 所示分别为 T1 失效及 T1 和 T2 失效情况的结果。蓝线的概率分布模型参数是基于海况重现期幂函数的形式 $(\sigma,\mu)_{TR|EOE}=a(T)^b$（$a$ 和 b 的值如图 3-11 所示）及形状参数简化 $(\xi)_{TR|EOE}=0$ 得到的。红色圆圈所示的结果中，分布参数 $(\xi,\sigma,\mu)_{TR|EOE}$ 则是通过使用广义极值分布模型拟合得到的原始分布参数。本书采用决定系数 R^2 评估所提出方法的准确性，计算结果 R^2 的值都十分接近 1，表明所提出的方法非常准确。

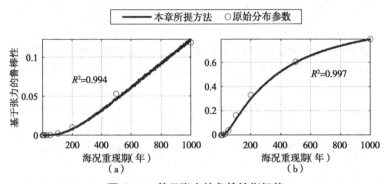

图 3-14　基于张力的鲁棒性指标值
（a）T1 失效下　（b）T1 和 T2 失效下（不考虑筋腱屈曲）

如果同一立柱下两根筋腱同时失效（如本例的 T1 和 T2 同时失效），其对角线立柱下的筋腱（本例中的 T5 和 T6），发生屈曲的概率将很高。如表 3-5 所示，不同海况重现期对屈曲发生概率的影响很小，海况增强主要增大系泊的最大张力，故其对筋腱断裂失效的概率影响更显著，而屈曲失效主要是由于平台的不平衡倾斜引起的。故本章取屈曲概率的平均值作为所有工况的屈曲失效概率来简化计算。

表 3-5　T1 和 T2 失效下张力腿平台筋腱屈曲发生概率

海况重现期（年）	1	5	10	25	50	100	200	500	1 000	均值
筋腱屈曲发生概率	0.55	0.57	0.58	0.59	0.62	0.61	0.62	0.61	0.62	0.60

本章的研究对象为由 8 根筋腱系泊的 TLP，当 T1 和 T2 两根筋腱失效后，剩余的 6 根筋腱中，T5 和 T6 两根筋腱容易发生屈曲，其他 4 根筋腱则倾向于因破断而失效，破断失效和屈曲失效筋腱的比例为 2∶1，故将破断和屈曲失效模式的评估权重设置为 2/3 或 1/3。是否考虑屈曲的基于张力的鲁棒性如图 3-15 所示。考虑屈曲后，曲线较为平缓，这是因为当环境相对平静时，筋腱破断的概率远小于筋腱屈曲的概率，而当环境恶化后，筋腱破断概率增加并逐渐大于屈曲概率。

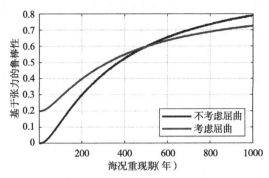

图 3-15　T1 和 T2 失效下基于张力的鲁棒性评估

3.3.5　基于水平偏移的鲁棒性评估结果

本节将最大水平偏移限制设置为水深的 10%，即 45 m。图 3-16 为所得的 T1 失效下及 T1 和 T2 失效下的基于水平偏移的鲁棒性指标 $RG_{\text{displacement}|eoe}$。蓝线的概率分布模型参数是基于海况重现期幂函数的形式 $(\sigma,\mu)_{HO|EOE}=a(T)^b+c$（$a$、$b$ 和 c 的值如图 3-12 所示）及形状参数简化 $(\xi)_{HO|EOE}=-0.167\,2$ 得到的。红色圆圈表示分布参数 $(\xi,\sigma,\mu)_{HO|EOE}$ 是通过使用广义极值分布模型拟合得到的原始分布参数。如图 3-16 所示所得结果的 R^2 值都十分接近 1，充分证明了该方法的高准确性。随着海况重现期的增加，基于水平偏移的鲁棒性值逐渐增大并逐渐接近 1，表明其表征的性能逐渐下降。当其值为 1 时，表明在此时必然发生平台过度偏移失效。

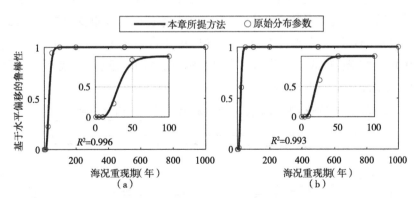

图 3-16　基于水平偏移的鲁棒性指标值

（a）T1 失效下　（b）T1 和 T2 失效下

3.3.6　基于平台转角的鲁棒性评估结果

前述已得到 $G_{RR|EOE}(rr|eoe)$，据此可计算其分位值，即基于平台转角的鲁棒性指标 $RG_{\text{rotation}}=rr_{p|EOE=eoe}$（其中 $p=2/3$），结果如图 3-17 所示。蓝线的概率分布模型参数是基于海况重现期幂函数的形式 $(\sigma,\mu)_{RR|EOE}=a(T)^b+c$（$a$、$b$ 和 c 的值如图 3-13 所示）及形状参数

简化由表 3-3（T1 失效下为 -0.122 5，T1 和 T2 失效下为 -0.087 4）得到的。红色圆圈表示分布参数 $(\xi,\sigma,\mu)_{RR|EOE}$ 是通过使用广义极值分布模型拟合得到的原始分布参数。所得结果 R^2 值都十分接近 1，这充分证明了该方法的高准确性。

随着海况强度增加，基于平台转角的鲁棒性值变大，表明性能下降。同时，两根筋腱 T1 和 T2 失效下的值远大于单根筋腱 T1 失效下的值，表明同一立柱下的两根筋腱同时失效会导致基于平台转角的鲁棒性大幅下降。

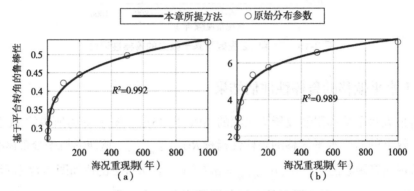

图 3-17   基于平台转角的鲁棒性指标值

（a）T1 失效下   （b）T1 和 T2 失效下

3.3.7   综合鲁棒性评估结果

通过熵值法对 3 种基本的鲁棒性指标进行加权得到综合鲁棒性。以下将 3 种基本指标简记为 $\{T,D,R\}$。从一年一遇到千年一遇的海况，以一年回归期等间隔离散化为 1 000 个工况。当参与权重计算的工况数逐渐增多时，3 种基本指标的权重变化如图 3-18 所示。随着工况数的增加，权重最终趋于稳定。在 T1 单根筋腱失效下，$\{T,D,R\}$ 权重稳定在 $\{0.86,0.06,0.08\}$，如图 3-18（a）所示。在 T1 和 T2 两根筋腱失效下，权重则趋于 $\{0.78,0.09,0.13\}$，如图 3-18（b）所示。

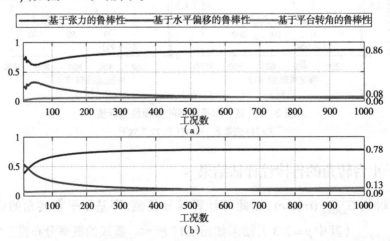

图 3-18   随着工况数增加 3 个基本鲁棒性评估 $\{T,D,R\}$ 权重的变化

（a）T1 失效下的权重   （b）T1 和 T2 失效下的权重

将两种失效情况的权重稳定值分别设置为其最终权重,所得综合鲁棒性如图 3-19 所示。随着海况强度上升,鲁棒性值逐渐上升,这意味着鲁棒性性能下降。在 T1 和 T2 失效下,TLP 的鲁棒性水平远低于 T1 失效下的状态。通过本案例研究,也验证了所提出的方法在评估筋腱失效下 TLP 的鲁棒性评估的有效性。

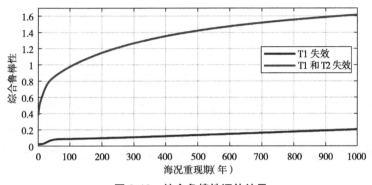

图 3-19　综合鲁棒性评估结果

3.4　筋腱失效组合对鲁棒性水平的影响分析

3.4.1　不同筋腱失效组合说明

本节主要讨论当两根筋腱同时失效时不同失效筋腱组合的鲁棒性水平的变化情况。与 3.3 节相同,本节的载荷方向仍设置为 225°。根据两根筋腱分布的相对位置(如同一立柱下、同一浮筒下或对角线立柱下)及其与载荷方向的关系,失效组合可分为 6 种,详细示意如图 3-20 所示,详细说明见表 3-6。

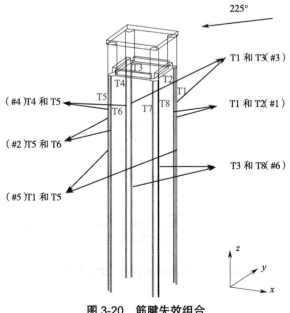

图 3-20　筋腱失效组合

表3-6　失效筋腱组合说明

载荷方向	工况编号	筋腱失效组合		
225°	#1	同一立柱下	迎浪方向	T1 和 T2
	#2		背浪方向	T5 和 T6
	#3	同一浮筒下	迎浪方向	T1 和 T3
	#4		背浪方向	T4 和 T5
	#5	对角线立柱下	与载荷方向共线	T1 和 T5
	#6		与载荷方向垂直	T3 和 T8

　　进行大量数值模拟获取6种失效筋腱组合下的张力腿平台的动力响应数据,并基于本章提出的鲁棒性评估框架,进行了基于张力的鲁棒性评估、基于水平偏移的鲁棒性评估、基于平台转角的鲁棒性评估和综合的鲁棒性评估,所得的不同筋腱失效组合的鲁棒性评估结果详述如下。

3.4.2　对基于张力的鲁棒性评估的影响分析

　　在本节的6个工况中,有两个工况可能发生筋腱屈曲失效,即同一立柱下两根筋腱失效的#1工况和#2工况。如图3-21所示,这两个工况的屈曲概率不同。在#1工况中,失效筋腱位于迎浪方向,屈曲概率随着海况强度变大而增加。然而,在失效筋腱位于背浪方向的#2工况中,屈曲概率则随着海况恶化而变小,且其发生概率远远小于#1工况。在#1工况中,由于平台迎浪方向的系泊不够牢固,随着环境变得恶劣,平台倾斜程度会加剧,从而使得其背浪方向的立柱下的两根筋腱(T5 和 T6)的屈曲概率增加。#2工况的平台的迎浪端被牢固系泊,所以屈曲概率很小,且在海况恶化的过程中变化也很小。

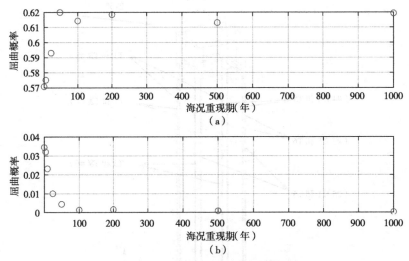

图3-21　不同海况下的屈曲发生概率
(a)#1 工况　(b)#2 工况.

图 3-22（a）为不考虑屈曲的情况下，基于张力的鲁棒性评估结果，实线表示 $(\sigma,\mu)_{TR|EOE}$ 是通过海况重现期 T 的幂函数形式估计的，且形状参数简化 $(\xi)_{TR|EOE}=0$；散点的结果则为通过广义极值分布模型拟合得到的原始分布参数。图 3-22（b）为考虑屈曲发生概率后，基于张力的鲁棒性评估结果。对比图（a）和图（b）的结果可以发现考虑屈曲显著改变了 #1 工况的鲁棒性水平，而对 #2 工况的影响较小。由于其他工况屈曲发生概率为零，考虑屈曲不影响其鲁棒性水平。

从图 3-22 中可以看出，失效筋腱位于迎浪方向立柱的 #1 工况和失效筋腱位于迎浪浮筒的 #3 工况，基于张力的鲁棒性表现远差于其他情况。无论失效筋腱位于同一立柱下还是同一浮筒下，背浪情况下（即 #2 工况和 #4 工况）的评估结果比迎浪情况要好得多，表明载荷方向对鲁棒性的影响大于失效肌腱的相对位置。

当失效筋腱位于两个对角线立柱下时（即 #5、#6 工况），两个工况都具有良好的鲁棒性表现。与载荷方向垂直的 #6 工况的鲁棒性指标值在千年一遇海况下仍接近 0。而与载荷方向共线的 #5 工况的鲁棒性指标值也很低，表现略差于两根失效筋腱位于背浪方向同一立柱下的 #2 工况。

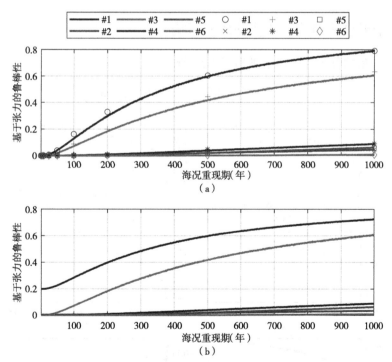

图 3-22　不同失效筋腱组合工况的基于张力的鲁棒性评估
（a）不考虑屈曲　（b）考虑屈曲

3.4.3　对基于水平偏移的鲁棒性评估的影响分析

基于水平偏移的鲁棒性评估结果如图 3-23 所示。当海况重现期超过百年一遇时，基于水平偏移的鲁棒性评估值几乎都等于1,故图中只展示了部分结果。当结构面临极端恶劣的环境时,无论失效筋腱组合情况如何,过度偏移失效几乎是不可避免的。从图中可以看出,#1工况的指标值与其他情况明显不同,随着海况强度变大,其变化更大,同时其鲁棒性表现比其他工况更差。#3工况则略差于除#1工况外的其他工况。除此之外,其他工况的鲁棒性表现曲线几乎是重合的。

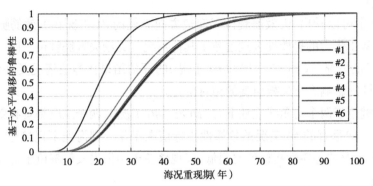

图 3-23　不同失效筋腱组合工况的基于水平偏移的鲁棒性评估

3.4.4　对基于平台转角的鲁棒性评估的影响分析

基于平台转角的鲁棒性评估结果如图 3-24 所示。

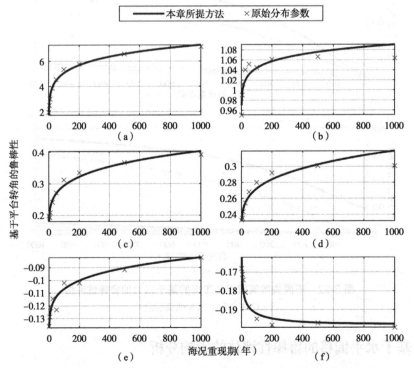

图 3-24　不同失效筋腱组合工况下基于平台转角的鲁棒性评估

（a)#1 工况　（b)#2 工况　（c)#3 工况　（d)#4 工况　（e)#5 工况　（f)#6 工况

图 3-24 中,#1 工况的平台转角远大于其他工况,即其基于平台转角的鲁棒性评估水平远低于其他工况。值得注意的是,失效筋腱位于对角线立柱下的 #5 和 #6 工况时该指标为负值。在本章的平台转角的计算方法中,两根筋腱失效的转角为其与单根筋腱失效情况的平台转角变化情况。因此,负值表示 #5 和 #6 这两种失效组合的转角略小于单根筋腱失效的情况。这是因为单根筋腱失效时,结构的不对称性较大,而对角线立柱下的两根筋腱同时失效反而减小了结构的倾斜程度。

3.4.5　对综合的鲁棒性评估的影响分析

通过熵值法对上述 3 种基本评估结果进行加权得到综合鲁棒性评估结果,如图 3-25 所示。在 6 种失效筋腱组合中,鲁棒性值都随着海况强度变大而增加,即结构变得更容易发生连续失效。从图中可以看出,所有组合的综合鲁棒性值大小排序为#1＞#3＞#2＞#4＞#5＞#6,即按照其鲁棒性性能水平高低排序为#1＜#3＜#2＜#4＜#5＜#6。

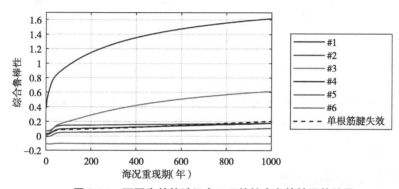

图 3-25　不同失效筋腱组合工况的综合鲁棒性评估结果

失效筋腱分布在两根对角线立柱下的两个工况(即 #5 和 #6)表现出的鲁棒性性能是最优越的,且 #6 工况(失效筋腱分布与载荷方向垂直)优于 #5 工况(失效筋腱分布与载荷方向共线)。#5 工况中,失效风险最大的迎浪立柱承受着最大载荷,仅有一根筋腱 T2 系泊,此时其在基于张力和基于平台转角的鲁棒性的表现都更差,故 #5 工况更容易发生连续失效。

对称性相对较差的另外 4 种工况,即失效筋腱位于同一立柱下或同一浮筒下的工况(#1、#2、#3 和 #4),比失效筋腱位于对角线立柱下的 #5、#6 工况更容易发生连续失效。同时,迎浪方向的 #1 和 #3 工况比背浪方向 #2 和 #4 工况的表现更差。#1 和 #3 的鲁棒性性能远差于迎浪方向的单根筋腱下的情况,背浪方向的 #2 和 #4 工况与单根筋腱失效的情况相近,而 #5 和 #6 工况的鲁棒性则比单根筋腱失效的情况表现更好。对比分析表明失效筋腱组合对鲁棒性水平的影响可能比失效筋腱的数量更重要。

在实际工程运用中,假如所需维修时间过长,可以调整其对角线立柱下的筋腱,使系泊系统保持对称性。同时,深水张力腿平台在单根筋腱失效情况下会紧急注入压载水,以平衡抵消失效筋腱相邻筋腱急剧增大的张力载荷,这也是一种调节平衡的方式。此种人为干预的短暂恢复措施将在第 5 章的恢复过程中进行分析。

3.5 筋腱强度对鲁棒性水平的影响分析

本节讨论了筋腱极限抗拉强度变化对结构鲁棒性的影响。根据规范设置极限抗拉强度的计算参数,见表 3-7。筋腱的尺寸,包括外径和壁厚,也是随机变量,其参数与表 3-4 一致。本部分的讨论同样将载荷方向设置为 225°。此外,此节的工况包括单根筋腱 T1 失效和表 3-6 所述的 6 种两根筋腱同时失效的情况。

表 3-7　不同等级的筋腱极限抗拉强度

强度牌号	极限抗拉强度		
	均值(MPa)	标准差(MPa)	分布
X42	415		
X46	435		
X52	460	0.05	对数正态分布
X60	520		
X65	535		
X70	570		

本节将根据数值模拟数据,对使用不同钢材牌号筋腱的 TLP 进行鲁棒性评估。显然,钢材牌号的变化只影响了基于张力的评估,进一步影响了综合鲁棒性评估结果,因此本部分的讨论只列出了这两种评估结果。

3.5.1　单根筋腱失效情况分析

如图 3-26 所示为单根筋腱 T1 失效下的基于张力的鲁棒性随着筋腱等级增强的变化情况。随着筋腱强度升级,基于张力的鲁棒性性能也相应提升,如图 3-26(a)所示。如图 3-26 (b)所示的综合鲁棒性变化趋势与此类似。此外,X60 是一个显著的分界点,当钢材牌号优于 X60 时,结构的鲁棒性表现相对良好;而当钢材牌号低于 X60 时,结构的鲁棒性水平则大幅度降低。

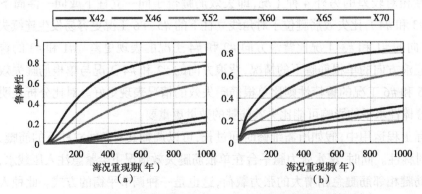

图 3-26　不同筋腱等级下 T1 失效时的鲁棒性评估结果

(a)基于张力的鲁棒性　(b)综合鲁棒性

3.5.2　两根筋腱失效情况分析

如图 3-27 所示,在不同的失效筋腱组合中,基于张力的鲁棒性值随着筋腱强度升级而变小,表明鲁棒性随着筋腱增强而改善。除 #3 和 #6 工况以外,图 3-28 中综合鲁棒性曲线的趋势与基于张力的鲁棒性是相似的。

#3 工况中,综合鲁棒性的主要不同表现在筋腱强度低的 3 种情况:X42、X46 和 X52。从 3.4 节的分析可知,失效筋腱位于迎浪浮筒下的 #3 工况是一个连续失效风险相对高的情况。如图 3-27(c)所示,当筋腱强度较低时,其基于张力的鲁棒性值变化的不确定性更小,熵值更小,故运用熵值法进行加权时所占权重也更小。此种现象可从图 3-29(a)中定量表示出,其展示了 #3 工况中,3 个基本鲁棒性的权重 $\{T, D, R\}$ 随筋腱强度的变化情况。此时其他两个占比较大的基本鲁棒性指标值也较小,故加权后的 3 条综合的鲁棒性曲线 X42、X46 和 X52 临近(图 3-28(c))。因此,对于低强度筋腱,仅升级筋腱强度无法显著改善结构鲁棒性,需要综合考虑其他的结构性能参数。

#6 工况中,两根失效筋腱位于对角立柱下,是一个相对安全的情况,筋腱的升级对综合鲁棒性的影响小,图 3-28(f)的曲线值在 -0.136 6~-0.066 7。在 #6 工况下,基于张力的鲁棒性指标值相对较小(性能较优)(图 3-22),基于平台转角的鲁棒性为负值(图 3-24(f)),且权重占比最大(图 3-29(b))。将 3 种不同的基本鲁棒性指标加权得到综合鲁棒性性能,分析可得:仅仅提升筋腱的强度无法全面改善结构的鲁棒性。

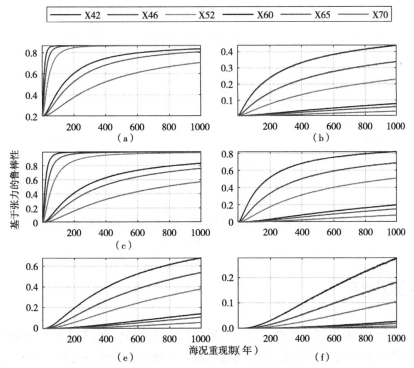

图 3-27　不同筋腱等级下的两根筋腱失效情况下的基于张力的鲁棒性评估结果

(a)#1 工况　(b)#2 工况　(c)#3 工况　(d)#4 工况　(e)#5 工况　(f)#6 工况

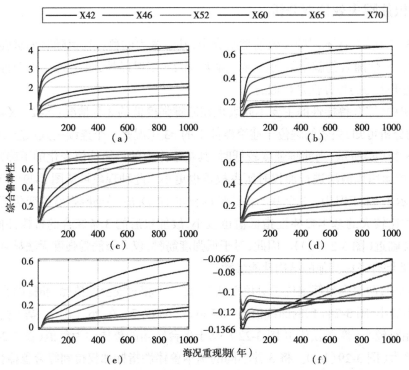

图 3-28　不同筋腱等级下的两根筋腱失效情况下的综合鲁棒性评估结果

（a）#1 工况　（b）#2 工况　（c）#3 工况　（d）#4 工况　（e）#5 工况　（f）#6 工况

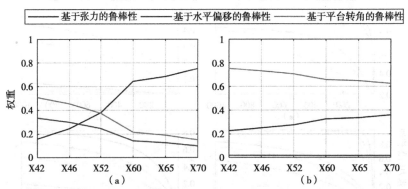

图 3-29　不同筋腱等级下两根筋腱失效时 3 个基本鲁棒性的权重 $\{T, D, R\}$

（a）#3 工况　（b）#6 工况

3.6　本章小结

　　本章提出了一个系泊失效下浮式平台的概率鲁棒性评估框架，基于全概率公式，考虑了环境、结构性能和响应的不确定性，并清晰地呈现了不确定性的传播过程。该评估框架整合了基于张力、水平偏移和平台转角的鲁棒性，这 3 种基本的鲁棒性评估分别与连续多系泊失效、过度偏移和平台倾覆 3 种主要连续失效模式密切相关，利用熵权法对上述 3 种基本鲁棒性进行加权,得到综合鲁棒性评估曲线。将本方法运用于评估某经典张力腿平台在中国南海海域服役的鲁棒性,并讨论了不同的失效筋腱数量、组合,筋腱强度升级的影响。通过分析得出以下结论。

(1)局部系泊失效后,剩余筋腱的张力、水平偏移和平台转角响应服从广义极值分布模型,且拟合参数满足极端海况重现期的幂函数关系。该方法的准确性在本研究中得到了很好的证明,可运用于分级海况下的其他评估,量化外部海况对结构的影响。

(2)当同一立柱下的筋腱全部失效,此立柱与海底断开连接时,应考虑筋腱发生屈曲的情况。尤其是当断开连接的立柱在迎浪方向时(如本章考虑的 T1 和 T2 同时失效的情况),考虑屈曲失效对评估结果的影响很大,而位于背浪立柱下的 T5 和 T6 失效对评估结果只有轻微影响。除此之外,其他失效组合无须考虑筋腱屈曲的情况。

(3)由对不同失效筋腱组合影响的讨论可知,失效筋腱位于同一迎浪立柱下是发生连续失效的最危险的情况。除此之外,失效筋腱位于同一迎浪浮筒下的鲁棒性表现也较差。以上两种情况比迎浪立柱下单根筋腱失效时的表现更糟糕,但其他情况的鲁棒性则与单根筋腱失效仅略有不同(背浪下),甚至表现更好(对角线立柱下)。失效筋腱的相对位置及其与载荷方向的关系可能比失效筋腱的数量具有更显著的影响。

(4)通过对不同强度等级筋腱的影响讨论可知,强度升级并不能全面提升结构鲁棒性,需要综合考虑其他性能。除了失效筋腱位于迎浪浮筒或位于垂直于载荷传播方向的对角线立柱下的情况之外,在单根或两根筋腱失效的大多数情况下,鲁棒性都随着筋腱的升级而提高。如果海况比较恶劣,当同一立柱下的筋腱失效时,筋腱的升级对提高结构的鲁棒性影响不大,特别是强度等级较低的情况。此外,当失效筋腱位于对角线立柱时,强度等级的变化仅稍微改变了结构的鲁棒性。

本章的目的主要是评估局部系泊失效下浮式平台在抵御连续失效方面的能力,是系统韧性在失效阶段的技术方面的表现。在未来进一步的研究和应用中,可进行浮式生产系统更全面的鲁棒性评估。同时,本研究并不仅适用于案例中的深水张力腿平台的评估,过程中的响应概率分布模型构建、3 种连续失效模式及响应的基本鲁棒性评估的确定等均适用,该方法在评估其他浮式结构,如半潜式平台鲁棒性方面的适用性也将在第 7 章中验证。

本章部分图例

说明:为了方便读者直观地查看彩色图例,此处节选了书中的部分内容进行展示。页面左侧的页码,为您标注了对应内容在书中出现的位置。

第 4 章　系泊失效事故的概率性恢复模型及构建方法

4.1　引言

为了更有效地量化系泊失效下系统的恢复能力,本章聚焦于系泊失效事故发生后的恢复过程,对构建恢复模型的方法开展深入研究。目前在海工领域尚无详细的恢复模型,构建模型的主要障碍是恢复任务的不确定性和复杂性。本章旨在考虑深水应急作业的多种风险和不确定性因素,结合系泊失效事故恢复过程的具体特征,提出适用于工程实际的恢复模型构建方法,为提升系统恢复能力提供模型支持。

在恢复过程分析中主要存在两类不确定性影响因素,一是系统的损伤情况,二是恢复进度安排中的多种不确定性因素。为了处理相关不确定性因素,本章首先基于系泊失效及其连续失效过程,提出了系泊失效事故的损伤级别的标准化描述,并将第二类不确定性因素划分为环境、人员以及维修材料设备等 3 个类别,并通过其符合的特定概率分布模型量化分析;接着提出了进度不确定性关联分析模型量化不确定性因素对恢复过程任务工期的影响,通过多次蒙特卡洛模拟和甘特图,得到整个恢复过程的持续时间;最后,引入高斯混合模型和正态分布模型拟合恢复过程持续时间,构建不同损伤级别的恢复模型。

在数据获取困难时,专家经验常用于获取恢复过程模拟分析所需的数据,文献 [146] 至文献 [148] 均基于专家经验进行工程项目的进度分析。鉴于系泊失效事故维修数据的稀缺性,本章主要的数据来源为文献调研和专家经验。通过问卷的形式,从专家经验中获取数据,用于确定恢复作业任务、不同损伤级别各恢复任务工期以及不确定性因素对恢复任务的影响程度。问卷的设计参考了文献 [146],问卷的第一部分包含一系列问题,包括在浮式平台研究、系泊失效以及系泊失效事故后修复工作等方面工作经验和知识的专家自我评价,反映专家知识的置信度;第二部分则邀请专家对具体恢复过程任务及其工期、不确定性因素的影响等情况进行评价和打分。

基于以上分析,本章所提出方法的具体研究框架如图 4-1 所示。本章的结构安排概述如下:4.2 节为系泊失效事故的损伤级别的标准化描述;4.3 节描述了进度不确定性因素类别及其量化方法;4.4 节分析了系泊维修过程,包括具体维修任务及其工期确定;4.5 节提出了过程不确定性关联分析模型以量化不确定性因素对任务持续时间的影响;4.6 节为不同损伤级别的恢复模型的构建方法;4.7 节进行了案例分析,通过运用所提方法于南海某半潜式平台,构建了目标对象不同损伤级别的恢复模型;4.8 节讨论了采用本章所提的过程不确定性关联分析方法的影响,以及物理现实对恢复过程的影响,包括海况的季节性影响、备件可用

性和针对不同损坏程度的二次维修调度,并给出了提高系泊系统恢复韧性的相应建议;4.9
节概述了本章内容。

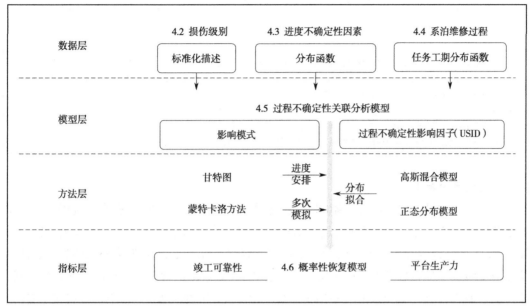

图 4-1　本章方法框架

USID—Uncertainty-Schedule Influence Degree

4.2　系泊失效事故损伤级别标准化描述

系泊失效事故的恢复过程中的首要不确定性是损伤级别(Damage Levels,DL)。由于
结构损伤级别的区别,恢复任务工期可能会发生较大变化。基于初始系泊失效事故以及潜
在的连续失效模式,本节提出了系泊失效事故损伤级别的标准化定量描述,如表 4-1 所示,
将损伤级别 DL 划分为 4 个级别,分别是轻微(Minor)、中度(Moderate)、重大(Extensive)
和严重(Severe)。基于 3.1 节所述的 3 种连续失效模式(包括多系泊失效、过度偏移及平台
倾覆)选定了两个损伤级别划分依据,包括失效系泊数量、平台的运动状态。在此基础上,
本节还考虑了两种结构损伤情况,包括造成其他生产系统的损坏以及其他未预见的损坏。
下面将分别展开详述。

表 4-1　系泊失效事故损伤级别的标准化描述

损伤级别	失效系泊数量	平台的运动状态		造成其他生产系统的损坏	其他未预见的损坏	具体描述
		水平偏移超出限制	平台倾覆			
轻微	1	否	否	否	否	I
中度	≥2	否	否	否	否	II
重大	≥3	是	否	是	否	III

续表

损伤级别	失效系泊数量	平台的运动状态		造成其他生产系统的损坏	其他未预见的损坏	具体描述
		水平偏移超出限制	平台倾覆			
严重	—	—	—	—	是	Ⅳ
	—		是	—	—	Ⅴ

Ⅰ.一根系泊发生失效,但未发生其他连续失效情况。锚失效的严重程度稍高于一段链条、聚酯绳、钢丝绳、连接器失效。

Ⅱ.两个或多个相同的系泊部件发生故障,但没有造成其他生产系统进一步损坏,并且水平偏移量未超出限制,水平位移的偏移量限制可参考文献[14]或工程师及业主要求。

Ⅲ.多系泊组件失效,且水平偏移超出限制或者造成其他生产系统的损坏。

Ⅳ.无论系泊系统或其他结构的损伤情况如何,一旦发生未预见的损坏,则为严重损坏。

Ⅴ.无论系泊系统或其他结构的损伤情况如何,一旦平台倾覆,为严重损坏。

1. 失效系泊数量

失效系泊数量主要从两方面影响浮式平台的损伤级别。一方面是影响系统安全性。系泊系统通常具有冗余设计,目前的规范对单根系泊失效下的平台有针对性地提出了鲁棒性设计要求,在平台设计阶段要求校验单根系泊失效时平台的安全性,但多根系泊失效将使系统在极端海况下具有更高的失效风险。另一方面,失效系泊的数量也会影响维修进度安排。浮式平台通常备有一整套系泊设备用于应急。出于经济性的考量,一般不会配备多个备件,因此,多个相同的系泊部件发生失效将导致更长的维修部件采购时间。此外,由于底锚通常具有极高的牢固性,备用锚的配备并不是必需的。有备用锚的概率相对较低,底锚失效可能会比链条、聚酯绳、钢丝绳和连接器等系泊的其他部位失效的后果更严重,需要花更多时间来购置维修更换部件。

2. 平台的运动状态

平台的运动状态包括过度偏移,过度转动甚至平台发生倾覆。

（1）过度偏移。如 3.1 节所述,限制平台偏移量是为了保证甲板间隙以及立管的安全性。除了安全保障外,平台的过度偏移可能需要调遣更多工程船执行维修任务,也进一步增加维修成本和时间。浮体结构的最大允许偏移量是通过生产立管与系泊综合分析确定的,根据规范 ISO19901-7 的规定,刚性立管的最大允许偏移量通常在水深的 8%~12%,深水柔性立管则为水深的 10%~15%,浅水柔性立管为水深的 15%~30%。

（2）平台过度转动或平台倾覆。系泊系统布置的对称性保证了平台的稳定性,而系泊失效将引起平台转动的不平衡,加大平台倾斜程度,也提高了风暴等恶劣天气下平台发生倾覆的可能性。平台倾覆将是浮式生产系统的灾难性事故,恢复工作相当于重新安装系统,将产生巨大的经济和时间损失,还可能对海洋生态系统造成更大的破坏。

（3）造成其他生产系统的损坏。系泊失效可能导致其他生产系统的损坏。例如,过大的偏移量可能导致立管系统发生故障,甚至引发油污泄漏和火灾爆炸等灾难性后果,生态环境的损失巨大,是一项庞大的恢复工作。

（4）其他未预见的损坏。可预见损坏的响应程序通常包含在系泊快速响应计划（Mooring Rapid Response Plan, MRRP）中,也可参考一些现有的工程经验。然而,未预见的损坏对损伤检查及维修工作提出额外要求,极大地增加了恢复任务的难度和复杂性。

4.3　进度不确定性因素类别及其量化

系泊失效事故的恢复过程涉及多种不确定性因素。这些不确定性因素对不同的恢复任务具有不同程度的影响。目前,关于系泊维修进度不确定性分析的研究相对较少。本节参考了陆上基础设施系统的维护进度延误风险分析相关的文献,海底管道维修风险分析的研究以及项目工程经验,将系泊维修过程的不确定性影响因素分为 3 类,分别是环境相关因素、人员相关因素以及维修材料及设备相关因素。各不确定性因素可能导致不同后果,主要包括 3 种:一是进度延迟,即由于不确定性因素导致恢复过程延误,完成时间超过原定计划;二是进度中断,即由于不确定性因素影响,系统或设备可能需要停机,导致恢复过程中断或暂时停止;三是进度终止,即恢复任务失败。本节采用相应的概率分布模型描述不确定性因素的影响情况。不确定性影响因素的具体信息见表 4-2,包括类别、具体影响因素、后果以及不同影响因素的概率分布形式。

表 4-2　系泊修复工程不确定性影响因素

类别	编号	具体因素	后果	概率分布	参考文献
环境相关因素	U1	适宜天气条件	进度延迟	均匀分布	[156]
	U2	天气预报准确性	进度中断/终止	二项分布	[158]
人员相关因素	U3	作业效率	进度延迟	三角分布	—
	U4	管理质量	进度延迟	三角分布	—
	U5	人为失误	进度中断/终止	公式	[159]
维修材料及设备相关因素	U6	设备故障	进度中断/终止	指数分布	—
	U7	设备可用性	进度延迟	均匀分布	[156]
	U8	备件可用性	进度延迟	二项分布	[4]
	U9	材料可用性	进度延迟	均匀分布	[156]

1. 环境相关因素

环境相关因素主要包括以下两个。

(1)适宜天气条件。通常会选定适宜的环境进行恢复作业,一方面,适宜的天气条件可以保证维修过程中设备和潜水员的安全及操作便利;另一方面,天气条件也是工程船安全便利作业的有利条件。威尔尔分布常用于描述极端环境出现的概率。但此因素量化的是维修过程中适宜天气条件发生变化的不确定性,而不是适宜天气出现的概率。因此,该因素不服从威布尔分布,而假设其服从区间 [0,1] 的均匀分布。在现实生活中,晴朗的天气条件是随机发生的,通过均匀分布生成的随机数模拟类似于现实生活的随机性。

(2)天气预报准确性。在维修过程中,环境改变可能引起暂时停机,甚至导致维修过程中断。能见度的变化也会导致水下机器人(Remotely Operated Vehicle, ROV)检查损伤困难。在开始修复系泊和其他损伤部件之前,必须获取 72 h 的天气预报,并通过所有相关方审查。天气提前预报时间有 0~24 h、24~48 h、48~72 h、72~96 h 等,越长的提前期伴随着越大的不确定性。假设天气预报准确性遵循二项分布,参考相关文献,天气预报准确的概率(即该因素的值等于 0 的概率)为 0.91。

2. 人员相关因素

人员相关因素主要包括以下 3 个。

(1)作业效率。假设该因素遵循范围 [0,1] 的三角分布。此三角形分布的众数与作业人员的素质有关。如果作业人员的素质较高,则众数越大,反之则越小。如无更多信息,此因素的三角形分布的众数默认为 0.5。

(2)管理质量。与作业效率类似,假设此因素遵循范围 [0,1] 的三角形分布。其众数与管理水平相关,如无更多信息,则默认为 0.5。

(3)人为失误。此不确定性因素描述了人为失误的发生概率(Human Error Probability,HEP),假设其随着作业背景指数变化。基于 Sun 等的定义,HEP 和背景环境 χ 的关系为

$$\text{HEP} = 7.07 \times 10^{-3} \exp[-4.9517\chi] \tag{4-1}$$

$$\chi = \frac{\Sigma_{\text{improved}}}{\max(\Sigma_{\text{improved}})} - \frac{\Sigma_{\text{reduced}}}{\min(\Sigma_{\text{reduced}})} \tag{4-2}$$

式中:χ 为作业的背景环境,受常见作业条件(Common Performance Condition,CPC)的影响。每个 CPC 对人员表现有不同的作用效用,例如提升作用(式中记为 Σ_{improved})、无显著影响或降低效果(式中记为 Σ_{reduced})。此处假设 χ 遵循区间为 [-1,1] 的均匀分布,用于量化现实生活中的背景环境条件的随机性。

3. 维修材料及设备相关因素

维修材料及设备相关因素主要包括以下 4 个。

(1)设备故障。泊松过程常用于描述异常事件的发生情况,指数分布常用于设备、机器和系统的可靠性评估,以预测它们的剩余寿命。此处引入指数分布用于预测设备故障概率:

$$f(t) = \begin{cases} \lambda \mathrm{e}^{-\lambda t} & t > 0 \\ 0 & t \leqslant 0 \end{cases} \tag{4-3}$$

式中:t 为维修时间;λ 为故障率,$\lambda = \dfrac{1}{\text{MTBF}}$,其中 MTBF 为维修设备故障的平均时间间隔(Mean Time Between Failure),是基于历史经验得出的。考虑到维修工作是在设备正常运作期间随机开始的,故假设 t 是由区间为 [0,MTBF] 的均匀分布生成的随机数。

(2)设备可用性。此因素描述了设备的随机可用性,假设其服从区间为 [0,1] 的均匀分布。设备包括用于损伤识别及执行维修作业的设备,安排所需设备需要花费时间和经济成本,因此设备可用性将影响维修过程。其中,一些较旧的浮式系统可能不会将绞盘/千斤顶设备永久安装在船上;船上的系泊设备,如牵引绞车和液压动力装置等,可能已经被拆除或者无法正常使用。

(3)备件可用性。此处的备件是指平台或其管理单位储存的用于维修更换的备件。通

用的备件策略是配备一套完整的系泊组件备件用于应急。因此,对于多个相同组件同时失效需要更换的情况,通常没有备件可供及时使用。根据英国健康安全执行局(Health & Safety Executive,HSE)的一项关于浮式平台系泊完整性的工业联合项目的研究,67% 的平台没有配备可用的系泊线备件。故假设备件可用性遵循二项分布,其中,没有备件可用的概率为 0.67。

(4)材料可用性。作为上述"备件可用性"因素的补充,这里的材料指的是用于维修所需的其他材料,如系泊部件生产商提供的维修材料等。假设此因素服从区间为 [0,1] 的均匀分布。在现实生活中,材料的可用性是随机的,是与生产商相关的不确定性因素,包括生产商的备件存储量、产能等。

4.4　系泊维修过程分析

4.4.1　维修任务概述

系泊维修过程可划分为 5 个类别,即损伤识别、计划安排、维修部署、维修作业和监控。各类别的主要活动和主要考虑因素列在表 4-3 中。

表 4-3　维修任务概述

任务名称	编号	主要活动	主要考量因素
损伤识别	R1	部署检测设备	是否备有损伤检测硬件和软件
	R0	因天气原因的延误	天气是否满足水下检测要求
	R2	识别损伤程度	需要确定故障规模、损坏部件、位置等,及是否造成其他系泊装置及立管等生产系统的额外损伤
计划安排	R3	安排维修活动具体步骤	是否备有系泊快速响应计划(MRRP)如果发生了额外的不可预见的损坏是否需要调配物资设备
维修部署	R4	采购维修材料	是否有足够的可用备件
	R5	调度安装工程船	平台是否远离主要海上作业中心,是否需要远距离调度工程船平台是否有可用的绞车/顶升设备等装置
维修作业	R0	因天气原因的延误	天气条件是否适宜进行维修活动
	R6	执行维修活动	系统损伤程度是否需要两次维修调度
监控	R7	监控	系统是否运行良好

1. 损伤识别

此类别任务是为了确定系泊失效事故造成的平台损伤程度,以便于后续的维修安排及维修作业等任务,主要活动不限于以下内容。

(1)部署检测设备。识别损伤程度通常需要相关的检测硬件和软件,若无可用设备,将需要时间部署。

（2）因天气原因的延误。损伤识别的过程中,建议采用潜水员或水下机器人（ROV）进行完整的检查,以确定其他系泊缆或立管等部件是否有额外损伤。适宜的天气条件是人员和设备安全及可操作性的保证。恢复作业期间所需的气象数据包括风速、浪高、水流速度、最小能见度和日照时长等。

（3）识别损伤程度。此步骤是为了确定总体损伤情况,包括故障规模、损坏部件、损伤位置等。除了已确认失效的系泊之外,还应该检查系泊失效事故是否对其他系泊或立管等生产系统造成额外损伤。同时确认平台的在位状态,是否发生过度偏移或转角过大的情况。这也是后续确定所需维修材料、设备和工程船的前提。损伤程度的详细说明见本章 4.2 节。

2. 计划安排

根据所确定的损伤程度安排维修活动的具体步骤。对于可预见的事件,通常有维修计划或相关工程经验可供参考。配备一份事件响应计划对计划安排很有帮助。该计划为系泊快速响应计划（Mooring Rapid Response Plan,MRRP）,不仅包含维修流程,还应包含平台所在地区可以执行相关维护工作的单位信息。但若无参考样本或发生了额外不可预见的损伤,计划安排将被延误。此外还应检查是否有可供更换的备件。

3. 维修部署

维修部署包括采购维修材料和调度安装设备两个方面。

（1）采购维修材料。采购维修材料是非常耗时的工序。除非生产商刚好有可用备件,否则采购链条、聚酯绳、钢丝绳、连接器和锚等通常需要几周到几个月的时间。

（2）调度安装设备。此步骤不仅包含了工程船调度（例如锚泊作业船（Anchor Handling Vessel,AHV）、潜水支援船（Dive Support Vessel,DSV）、用于单点系泊的 FPSO 的航向控制拖轮（Heading Control Tug,HCT）等）以及其他安装所需装置的调遣部署,也包括备齐作业所需操作人员。调遣安装工程船需要时间,特别是当平台远离主要海上作业中心时。此外,其他安装设备,如绞盘/千斤顶设备,在平台安装作业后可能已经被拆除,所以需要检查安装船上是否有可用设备,否则需要另外部署。

4. 维修作业

（1）因天气原因的延误。维修作业对天气条件有严格要求,准确的天气预报是维修作业不间断的保障。需要等待合适的天气条件再正式开始维修作业。

（2）执行维修活动。这里的维修活动主要指损坏系泊部件更换,如失效系泊的回收、重新对准、重新连接、更换和重新部署系泊系统等活动。同时也包括修复立管等其他损坏部件。维修作业的持续时间与系统损坏程度密切相关。另外,采购特殊备件的交货时间可能长达 4~6 个月,为了系统的安全以及潜在的生产保障,此时需要采取临时修复活动,即进行两次维修调度,先进行短期修复,待备件采购完成再进行长期修复。临时缓解计划也可避免停产,降低系泊失效事故的经济损失。

5. 监控

维修活动结束后,应监测整个系统是否运行良好。

4.4.2　维修任务持续时间

确定每个恢复任务工期的方法主要有两种。一是基于历史数据,这是一种客观但费用高的数据获取方法,同时,要据此得到足够的评估数据也相当困难。目前,海洋工程领域的事故数据库包括挪威船级社(DNV)的全球海上事故数据库(Worldwide Offshore Accident Databank, WOAD)、英国健康安全执行局(HSE)的数据库以及海上和陆上可靠性数据(Offshore and Onshore Reliability Data, OREDA)等。但这些数据库缺乏系泊失效事故的修复数据。因此,本章采用第二种数据获取方法——基于专家经验来确定恢复任务的持续时间。在工程领域,这是一种实用的数据获取方法。当工程数据稀缺时,通用的确定活动工期的标准程序是咨询直接参与该活动的有资质的专家,获得其估计的活动完成时间最小值(乐观)、众数(最有可能)和最大值(悲观)。

如 4.4.1 节的表 4-3 所示,系泊失效事故恢复作业的主要活动从 R0 到 R7 编码。其中,任务 R0(与天气相关的延误)是通过二项分布随机生成的。假设当天是否适宜维修作业服从二项分布,总延误时间是将每个不适宜作业(即作业延误)的天数相加,直至出现适宜作业的日期为止。当天是否适宜维修作业的概率由天气条件是否满足作业环境标准的概率确定。作业环境标准是由作业海域(如波浪散布图、风玫瑰图等)和设备特性综合确定的,环境标准通常可参考设计文件或依据业主要求确定。

专家需要评估任务 R1~R7 的最短、最可能和最长工期。同时,调查问卷还为专家提供了选项以添加其认为相关的任务。根据专家经验确定任务工期分布的具体步骤如下。

(1)每位专家评估轻微损伤程度(Minor DL),即仅有一根系泊失效的情况(详见表4-1),任务 R1~R7 的最短、最可能和最长工期。

(2)专家评估其他损伤级别的各任务工期的权重因子。通过将权重因子乘以前一步中预估的轻微损伤级别下各修复任务工期,得到各损伤级别的各修复任务的最短、最可能和最长工期。各任务工期可能会随着损伤程度的变化而变化。例如,随着损伤程度变严重,在任务 R1(部署检测设备)中可能需要额外时间部署更多特殊设备来检测不可预见的损伤,任务 R2(识别损伤程度)可能需要更多时间来确定损坏级别,任务 R4(采购维修材料)和任务 R5(调度安装工程船)的工期也可能延长。由于需要修复的部件增加,任务 R6(执行维修活动)也会相应延长。

(3)通过对专家意见进行加权,确定所有损伤程度的修复任务工期。选取技术职称、工龄、文化程度和年龄等 4 个关键因素来区分领域专家的权威性。4 个因素的相应分值见表4-4。根据专家情况可得专家在每个关键因素维度的得分 S_i,基于熵值法得到 4 个因素的权重,记为 $WF_i(i=1,2,3,4)$。每个专家加权后的得分 WS_j 可表示为

$$WS_j = \sum_{i=1}^{4} WF_i \times S_i \tag{4-4}$$

通过对加权分数归一化,确定每个专家的权重

$$W_j = \frac{WS_j}{\sum WS_j} \tag{4-5}$$

表 4-4　专家权重确定标准

评价因素	层次	分值	关键因素	类别	分值
技术职称	高级工程师	5	文化程度	博士学历	5
	中级工程师	4		硕士学历	4
	初级工程师	3		本科学历	3
	技术工人	2		大专学历	2
	普通工人	1		中专学历	1
工龄（年）	>20	5	年龄（岁）	>50	4
	15~20	4		40~50	3
	10~14	3		30~39	2
	5~9	2		<30	1
	<5	1			

（4）Beta 分布常用于构建工期概率分布模型。每个任务工期 t 的概率密度函数（Probability Density Function，PDF）可表示为

$$g(t;\alpha,\beta,a,b)=\begin{cases} \dfrac{\Gamma(\alpha+\beta)}{\Gamma(\alpha)\Gamma(\beta)(b-a)^{\alpha+\beta-1}}(t-a)^{\alpha-1}(b-t)^{\beta-1} & a\leqslant t\leqslant b \\ 0 & \text{其他} \end{cases} \quad (4\text{-}6)$$

式中：$\Gamma(\cdot)$ 为伽马函数，$\Gamma(u)=\int_0^{\infty}x^{u-1}\mathrm{e}^{-x}\mathrm{d}x$，其中 $u>0$；a、b 分别为最短和最长工期；α、β 为两个形状参数。根据项目评估和审查技术（Program Evaluation and Review Technique，PERT），对 a、m（众数）和 b 的确定值，存在唯一的区间 $[a,b]$ 内的 beta 密度函数：

$$\alpha \cong (4+3\theta+\theta^2)/(1+\theta^2) \quad (4\text{-}7\text{a})$$

$$\beta \cong (1+3\theta+4\theta^2)/(1+\theta^2) \quad (4\text{-}7\text{b})$$

式中：θ 为不对称系数，$\theta=(b-m)/(m-a)$。

4.5　过程不确定性关联分析模型

基于前述恢复过程和不确定性类别的划分，为了确定二者的影响相关性，本节提出了过程不确定性关联分析模型（Correlated Schedule Uncertainty Analysis Model，CSUAM）。首先，提出了不确定性因素对恢复过程的不同影响模式；然后，结合专家经验得出不确定性对恢复进度的影响程度，确定进度影响系数；最后，计算得到考虑不确定性的每个恢复任务的工期。

4.5.1　影响模式

不确定性因素的变化会对恢复过程产生不同影响。本节提出了 5 种不同的影响模式以说明不确定性对进度的影响情况，如图 4-2 及式（4-8）至式（4-12）所示。

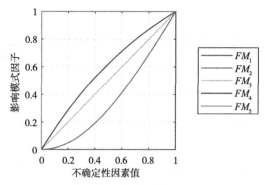

图 4-2 不确定性因素的影响模式

（1）此影响模式描述的是在极端风险事件发生（$u=1$）之前,不确定性因素对任务工期不产生影响的情况:

$$FM_1(u) = \begin{cases} 0 & u \in [0,1) \\ v & u = 1 \end{cases} \tag{4-8}$$

式中:u 为每一个不确定性因素在其对应概率分布下随机产生的值,其概率分布函数如 4.3 节及表 4-2 所述。

（2）此模式描述的是恢复任务工期对不确定性的响应在初期不明显,随着不确定性严重程度增加而逐渐显著的情况,采用三角函数表述这一影响模式:

$$FM_2(u) = 1 + \cos\left[\frac{\pi}{2}(u+2)\right] \quad u \in [0,1] \tag{4-9}$$

（3）此模式下,不确定性因素对恢复任务的影响程度线性增加:

$$FM_3(u) = u \quad u \in [0,1] \tag{4-10}$$

（4）此指数型影响模式描述的是恢复任务对不确定性的响应初期很快,但随着不确定性严重程度增加影响程度减小:

$$FM_4(u) = \frac{1-e^{-u}}{1-e^{-1}} \quad u \in [0,1] \tag{4-11}$$

（5）此影响模式下,不确定性因素一旦出现偏差,对进度的影响就很大,但随着其严重程度增加影响程度不变:

$$FM_5(u) = \begin{cases} 0 & u = 0 \\ 1 & u \in (0,1] \end{cases} \tag{4-12}$$

4.5.2 过程不确定性影响因子

本节提出过程不确定性影响因子（USID）,用于量化特定不确定性因素对特定恢复任务工期产生影响的相对程度,可用定性评价术语描述为 5 个等级,分别为无影响（Ineffective, IE）、低影响（Low Effective, LE）、有影响（Effective, E）、高影响（High Effective, HE）和极高影响（Extremely High Effective, EHE）。如图 4-3 所示为过程不确定性影响程度问卷,空白区域的每一格为对应的过程不确定性影响因子,专家将根据自身经验知识对其进行恰当评价。

恢复任务	进度不确定性因素	环境相关因素		人员相关因素			维修材料及设备相关因素			
		适宜天气条件	天气预报准确性	作业效率	管理质量	人为失误	设备故障	设备可用性	备件可用性	材料可用性
损伤识别	部署检测设备									
	识别损伤程度									
计划安排	安排维修活动									
	具体步骤									
维修部署	采购维修材料									
	调度安装工程船									
维修作业	执行维修活动									
监控	监控									

请评价不确定性因素对恢复任务进度的影响程度，共有 5 个等级。
1：无影响 Ineffective；
2：低影响 Low Effective；
3：有影响 Effective；
4：高影响 High Effective；
5：极高影响 Extremely High Effective.

图 4-3　过程不确定性影响程度问卷

直觉模糊数（Intuitionistic Fuzzy Number，IFN）常用于处理专家语义评价的不确定性和模糊性。本章采用梯形直觉模糊数（Trapezoidal Intuitionistic Fuzzy Number，TrIFN）定量转化 USID。梯形直觉模糊数可表示为 $\tilde{A}=(a,b,c,d;a',b,c,d')$，隶属函数 $\mu_{\tilde{A}}(x)$ 和非隶属函数 $v_{\tilde{A}}(x)$ 分别如下：

$$\mu_{\tilde{A}}(x)=\begin{cases}0 & x<a \\ (x-a)/(b-a) & a\leqslant x<b \\ 1 & b\leqslant x\leqslant c \\ (d-x)/(d-c) & c<x\leqslant d \\ 0 & x>d\end{cases} \tag{4-13}$$

$$v_{\tilde{A}}(x)=\begin{cases}1 & x<a' \\ (x-b)/(a'-b) & a'\leqslant x<b \\ 0 & b\leqslant x\leqslant c \\ (x-c)/(d'-c) & c<x\leqslant d' \\ 1 & x>d'\end{cases} \tag{4-14}$$

不同等级的 USID 的梯形直觉模糊数见表 4-5，隶属度函数图像如图 4-4 所示。

表 4-5　过程不确定性影响因子 USID 对应语义评价术语的梯形直觉模糊数

语义评价术语	模糊数
无影响（Ineffective, IE）	$(0,0,0.1,0.3;0,0,0.1,0.3)$
低影响（Low Effective, LE）	$(0.15,0.3,0.3,0.45;0.125,0.3,0.3,0.475)$
中等影响（Effective, E）	$(0.35,0.5,0.5,0.65;0.3,0.5,0.5,0.7)$

语义评价术语	模糊数
高影响(High Effective,HE)	(0.55,0.7,0.7,0.85;0.525,0.7,0.7,0.875)
极高影响(Extremely High Effective,EHE)	(0.7,0.9,1,1;0.7,0.9,1,1)

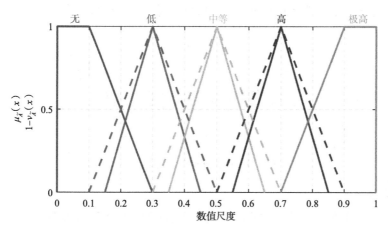

图 4-4 语义评价术语模糊隶属度函数图像

结合式(4-4)和式(4-5)得到的专家权重,采用改进的相似性聚合方法(Similarity Aggregation method,SAM)进行专家意见的聚合。去模糊化可以直观地将模糊数转化为精确的值,本章采用质心法去模糊化。对于梯形直觉模糊数 $\tilde{A}=(a,b,c,d;a',b,c,d')$,按照质心法去模糊化后的值为

$$X = \frac{a^2 + a'^2 + ab + a'b + 2b^2 - 2c^2 - cd - cd' - d^2 - d'^2}{a + a' + 2b - 2c - d - d'} \qquad (4\text{-}15)$$

最后,通过归一化确定不确定性影响因素 i 及进度 j 对应影响因子 USID_{ij},即

$$\text{USID}_{ij} = \frac{X_{ij}}{\sum_i X_{ij}} \qquad (4\text{-}16)$$

式中:X_{ij} 为不确定性因素 i 及进度 j 对应的梯形直觉模糊数 TrIFN 按照质心法去模糊化后的值。

4.5.3 考虑不确定性的过程持续时间

考虑在不确定性因素的影响下,恢复任务 j 的系数为

$$C_j = \sum_i \text{USID}_{ij} \times (FM)_i \qquad (4\text{-}17)$$

将系数 C_j 代入 Beta 分布的逆累积分布函数,即式(4-6)的逆积分,可得恢复任务 j 的工期:

$$t_j = G^{-1}(C_j;\alpha,\beta,a,b) \qquad (4\text{-}18)$$

4.6　概率性恢复模型

通过蒙特卡罗模拟,可获得各恢复任务的工期。根据如图 4-5 所示的各恢复任务的甘特图,可得整个恢复过程的持续时间。图中虚线为过程中系统生产力的变化。在不确定性的影响下,多次模拟所得的总工期存在差异,故本章引入了两种分布模型用于建立不同损伤水平的概率性恢复模型,分别为正态分布模型和高斯混合分布模型。

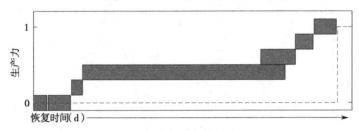

图 4-5　恢复任务的甘特图

1. 正态分布模型

在没有可用备件的损伤级别中,恢复过程持续时间的概率密度直方图只有一个峰值,故概率恢复模型可通过正态分布模型拟合而构建:

$$\mathscr{R}(t) = \phi(t|\theta) = \frac{1}{\sqrt{2\pi}\sigma}\exp\left(-\frac{(t-\mu)^2}{2\sigma^2}\right) \tag{4-19}$$

式中:t 为恢复过程总工期;μ、σ 分别为其均值和标准差。

2. 高斯混合模型(Gaussian Mixture Model,GMM)

如果系统有足够的可用备件,则无须另外采购备件。然而是否有足够的可用备件是不确定的,此时,恢复过程持续时间的概率密度直方图有多个峰值,可使用高斯混合模型来拟合恢复工期,概率分布模型为

$$\mathscr{R}(t) = \sum_{k=1}^{K}\alpha_k\phi\left(t|\theta_k\right) \tag{4-20}$$

式中:α_k 为各成分的混合系数,$\sum_{k=1}^{K}\alpha_k = 1$;$\phi\left(t|\theta_k\right)$ 为第 k 个成分的高斯分布模型,均值及方差可记为 $\theta_k = \left(\mu_k, \sigma_k^2\right)$。

$$\phi\left(t|\theta_k\right) = \frac{1}{\sqrt{2\pi}\sigma_k}\exp\left(-\frac{(t-\mu_k)^2}{2\sigma_k^2}\right) \tag{4-21}$$

在分布拟合的过程中,采用期望最大化算法获取恢复模型的参数。

为了评估系统在系泊失效情况下的恢复能力,本节还提出了竣工可靠性和平台生产力两个指标。

(1)竣工可靠性,指在目标时间 T_t 内完成恢复工作的概率:

$$CR = P(t < T_t) \tag{4-22}$$

(2)平台生产力,指在恢复过程随时间变化的功能函数曲线。对于系统的油气生产能

力,功能函数有两种状态:0 为停机,1 为满负荷生产。假设停机后重新恢复生产是瞬间行为,没有滞后时间。这意味着功能函数曲线在 0 和 1 两种状态中垂直变化。

4.7　应用案例分析

4.7.1　项目情况简介

本章的研究对象位于中国南海海域,允许开展维修作业的最大风浪流共线的环境条件的标准见表 4-6 第二列。根据南海气象海洋数据,得出了表 4-6 第三列的可维修环境概率。取最小可维修环境概率作为因天气原因延误的二项概率分布试验的无延误概率。

表 4-6　维修作业环境条件

环境项	标准	可维修环境概率(时长以年为单位)
平均风速 V	≤10 m/s	79.05%
有义波高 H_s	≤1.5 m	59.24%
表面流速 V_c	≤2 knots	99.14%

为了获得可靠的评估数据,邀请 5 位不同背景的专家组成评估专家组,包括来自学术界、研究机构的顾问和科学家等不同领域的专家。所有专家均已声明具有相似的置信度和专业水平,并根据式(4-4)和式(4-5)及表 4-4 计算权重,专家的个人信息及权重见表 4-7,此外,在问卷调查前,需要向每位专家告知损伤程度的类别、不确定性因素分类、恢复任务和过程不确定性影响因子 USID 的语义评价术语,以确保专家语义评估的一致性。

表 4-7　专家的个人信息及权重

编号	技术职称	年龄(岁)	工龄(年)	文化程度	权重
专家 1	高级工程师	45	18	本科	0.254 2
专家 2	中级工程师	38	10	博士	0.237 0
专家 3	初级工程师	37	12	硕士	0.203 3
专家 4	技术工人	29	7	大专	0.101 7
专家 5	普通工人	52	21	中专	0.203 8

专家们根据自身经验和知识对过程不确定性影响因子 USID 进行评估,根据专家的语义评价转换得到梯形直觉模糊数,并基于改进的相似性聚合方法汇总专家意见得到最终的 USID,见表 4-8,各不确定因素的影响模式也列于表中。

表 4-8　过程不确定性影响因子 USID

任务	不确定性因素								
	U1	U2	U3	U4	U5	U6	U7	U8	U9
	影响模式								
	FM_3	FM_2	FM_4	FM_4	FM_2	FM_2	FM_5	FM_1	FM_3
R1	0.134	0.030	0.148	0.160	0.096	0.152	0.240	0.020	0.020
R2	0.155	0.147	0.154	0.136	0.113	0.244	0.017	0.017	0.017
R3	0.038	0.038	0.171	0.189	0.079	0.046	0.152	0.152	0.134
R4	0.240	0.222	0.201	0.196	0.040	0.026	0.026	0.026	0.026
R5	0.020	0.020	0.142	0.170	0.020	0.020	0.020	0.295	0.295
R6	0.160	0.164	0.131	0.124	0.181	0.200	0.013	0.013	0.013
R7	0.167	0.150	0.150	0.191	0.217	0.031	0.031	0.031	0.031

　　每位专家需要评估轻微损伤级别的恢复任务 R1 至 R7 的最短、最可能及最长工期,以及其他损伤级别的权重因子。通过对专家评价进行加权,得到恢复任务的工期和每个损坏级别的权重因子,见表 4-9。

表 4-9　各恢复任务工期和每个损伤级别的权重因子

任务名称	编号	主要活动	工期（d）			权重因子			
			最短	最长	最可能	轻微	中度	重大	严重
（1）	（2）	（3）	（4）	（5）	（6）	（7）	（8）	（9）	（10）
损伤识别	R1	部署检测设备	0	2.25	0.95	1	1	1	1.5
	R0	因天气原因的延误	通过二项分布随机生成						
	R2	识别损伤程度	1	2.90	1.90	1	1	1	1.5
计划安排	R3	安排维修活动具体步骤	0.35	1.25	0.80	1	1	1	1.5
维修部署	R4	采购维修材料	1.85	4.10	2.80	1	1	1	1.5
	R5	调度安装工程船	1.69	29.86	13.85	1	1.78	3.30	5.51
维修作业	R0	因天气原因的延误	通过二项分布随机生成						
	R6	执行维修活动	0.77	2.54	1.49	1	1.78	3.30	5.30
监控	R7	监控	1	2.80	1.85	1	1	1	1.40

4.7.2　概率恢复模型结果

　　通过 10 000 次蒙特卡罗模拟,得到每个损伤级别的恢复任务总工期。如图 4-6 所示,不同模拟中各恢复任务工期各不相同。分别采用 GMM 模型及正态分布模型对轻微损伤级别及其他损伤级别的情况进行分布拟合,得到各损伤级别的概率性恢复模型参数,见表 4-10。拟合优度通过了 K-S 检验,在 5% 显著性水平下假设全部被接受。图 4-7 也通过 Q-Q 图展示了良好的拟合优度。每个损伤级别的恢复模型如图 4-8 所示,图中虚线（经验值）和实线（理论值）几乎重合的情况也直观地说明了拟合优度。

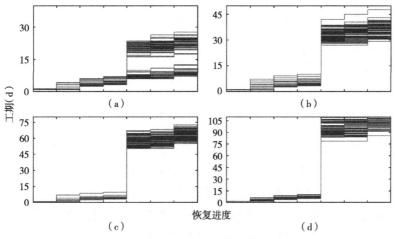

图 4-6　多个模拟样本

（a）轻微损伤　（b）中度损伤　（c）重大损伤　（d）严重损伤

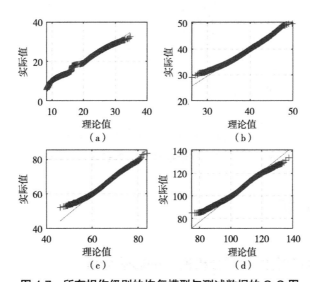

图 4-7　所有损伤级别的恢复模型与测试数据的 Q-Q 图

（a）轻微损伤　（b）中度损伤　（c）重大损伤　（d）严重损伤

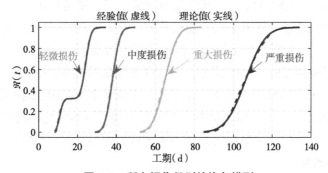

图 4-8　所有损伤级别的恢复模型

表 4-10　恢复模型的参数

损伤级别	轻微	中度	重大	严重
分布模型	GMM	正态分布	正态分布	正态分布
μ	$\mu_1 = 10.9$；$\mu_2 = 24.4$	38.2	65.1	106.1
σ	2.14；5.10	3.0	5.0	8.0
成分混合系数	0.32；0.68	—	—	—

　　根据专家的估计,如图 4-9 所示为失效事故后的恢复工期的变异性,包括每个损坏级别的最短、最长及平均工期。随着损伤程度增加,平均恢复工期从 20.1 d、38.1 d、65 d 到 106.3 d 逐渐增加。结合表 4-10 和图 4-8 可以看出:从中度损伤到严重损伤,对应的恢复模型的标准差逐渐增加,即恢复时间的不确定性明显增加。轻微损伤级别的恢复模型则表现出比其他模型更明显的变异性,这是因为其为具有 2 个分量的高斯混合模型。两个成分的组成比例为 0.32 和 0.68,大约与有可用备件的概率(0.33)和无可用备件的概率(0.67)相等。

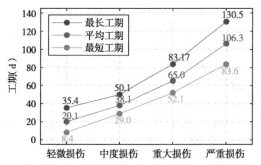

图 4-9　每个损伤级别的最短、最长及平均工期

4.8　敏感性分析

4.8.1　采用过程不确定性关联分析模型的影响分析

　　本节主要讨论本章所提出的过程不确定性关联分析模型 CSUAM 的使用效果,对比了使用 CSUAM 和不使用 CSUAM 的恢复模型的情况。当不使用 CSUAM 构建恢复模型时,各恢复任务的工期是通过蒙特卡洛模拟随机从其对应的 Beta 分布上得到的。各损伤级别的最短、最长及平均工期如图 4-11 所示。恢复模型参数如图 4-10 所示。使用 CSUAM 的平均工期略大于不使用 CSUAM 的情况。随着损伤级别的提高,工期的变异性也在增加。对比二者可知,使用 CSUAM 分析显著缩小了最长工期和最短工期之间的差距,其标准差远小于不使用 CSUAM 的情况。CSUAM 的影响效果与过程不确定性影响因子 USID、不确定性因素及其影响模式相关,CSUAM 考虑了不确定性因素的概率,并聚合了不确定性在不同恢复过程中的传播效果。

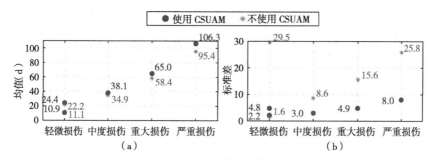

图 4-10　CSUAM 对恢复模型参数的影响

（a）μ　（b）σ

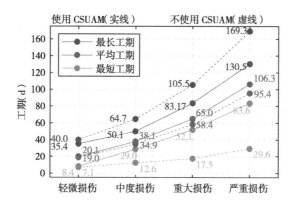

图 4-11　CSUAM 对每个损伤级别的最短、最长及平均工期的影响

4.8.2　海况的季节性影响分析

海洋环境数据会随着月份变化而变化,本节将研究海洋环境的季节变化对恢复模型的影响。根据南海环境的月度数据和表 4-6 所列的维修作业环境标准,可得表 4-11 所示的一年中不同月份的可维修环境概率情况。选取最小概率作为因天气原因延误的二项概率分布试验中的无天气延误概率。除 R0 因天气原因的延误外,其他与环境相关的因素均基于专家经验,故此处忽略了环境月度变化对其他不确定性因素的影响。

表 4-11　一年中不同月份可维修环境概率

时间	1 月	2 月	3 月	4 月	5 月	6 月	7 月
P_V	64.99%	79.42%	85.88%	92.17%	94.16%	91.79%	92.63%
P_{H_s}	27.36%	43.42%	60.47%	76.68%	88.58%	86.56%	84.84%
P_{V_c}	100.00%	98.39%	98.81%	99.09%	100.00%	100.00%	98.83%
时间	8 月	9 月	10 月	11 月	12 月	年度	—
P_V	92.39%	91.14%	70.47%	49.43%	44.40%	79.05%	—
P_{H_s}	86.98%	79.07%	38.86%	23.31%	14.04%	59.24%	—
P_{V_c}	100.00%	99.09%	99.41%	97.58%	98.24%	99.14%	—

　　图 4-12 展示了每个损伤级别的最短、最长及平均工期的月度变化。在适宜维修概率较低的月份,恢复模型的均值和变异性均增大,其最短工期趋于平稳,但最长工期急剧增加。由图可得,秋冬季节的恢复工期相对较长,应特别注意。

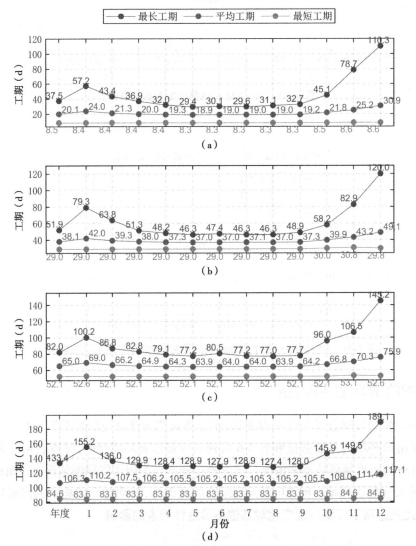

图 4-12　每个损伤级别的最短、最长及平均工期的月度变化
(a)轻微损伤　(b)中度损伤　(c)重大损伤　(d)严重损伤

　　接着进行无天气延误概率的敏感性分析。将无天气延误概率以 0.1 为等间隔从 0.1 增加到 0.9。图 4-13 为轻微损伤级别的 GMM 恢复模型。随着无天气延误概率增加,GMM 恢复模型概率密度函数的两个峰值越来越瘦高,且左峰逐渐高于右峰。这是因为当无天气延误概率较小时,因天气原因的延误时间将变长,从而缩小需要采购备件与不需要采购备件的情况之间的差距。当无天气延误概率为 0.1 时,左峰不明显,曲线只有一个峰值。图 4-14 为中度、重大及严重损伤的恢复模型参数随无天气延误概率的变化情况,其均值 μ 和标准差 σ 呈现类似趋势,曲线先迅速下降,然后逐渐趋于平稳。

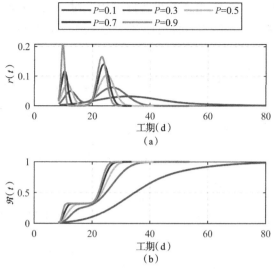

图 4-13　轻微损伤级别的恢复模型随无天气延误概率的变化情况

（a）概率密度函数（PDF）　（b）累积分布函数（CDF）

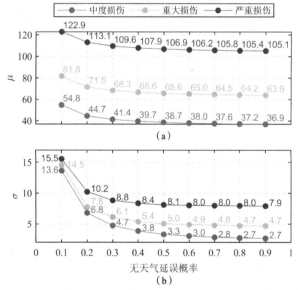

图 4-14　恢复模型参数随无天气延误的概率变化情况

（a）均值　（b）标准差

4.8.3　备件可用性的影响分析

本节旨在讨论备件可用概率的影响。假设所有损伤级别的备件可用概率以 1/6 等间隔地从 1/6 增大到 5/6。不同备件可用概率下的恢复模型如图 4-15 所示。随着备件可用概率增加，概率密度函数的峰值位置不变，但峰值概率密度变化很大，左峰最高点越来越高且越来越细，而右峰峰值越来越低、形状也越来越宽。图 4-16 为每个损伤级别的最短、最长及平均工期随备件可用性的变化情况,可以看出备件可用性对最短、最长工期的影响有限,二者的曲线变化较平缓,而平均工期随着备件可用概率的增加而线性下降。

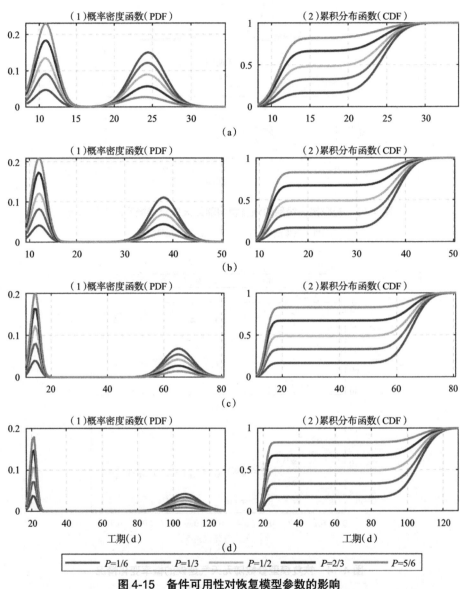

图 4-15   备件可用性对恢复模型参数的影响
(a)轻微损伤   (b)中度损伤   (c)重大损伤   (d)严重损伤

4.8.4   两次维修调度的影响分析

当采购维修部件的交货时间较长时,可进行两次维修调度——在长期维修前先进行短期维修暂时恢复结构状态以确保安全。尽管会增加维修费用,但因为此时系统可暂时恢复生产,故此措施具有经济性。假设短期补救措施能满足系统满负荷生产。图 4-17 为 10 000

个模拟结果中的某次模拟下,每个损坏级别的生产力函数以及具体的恢复任务安排甘特图。颜色较浅的矩形表示短期恢复措施,颜色较深的矩形则表示长期恢复措施。

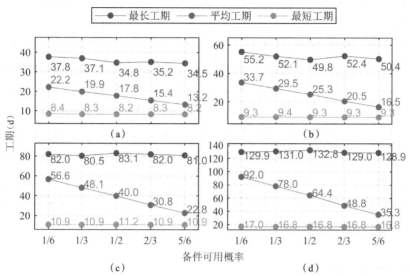

图 4-16 备件可用性对每个损伤级别的最短、最长及平均工期的影响
(a)轻微损伤 (b)中度损伤 (c)重大损伤 (d)严重损伤

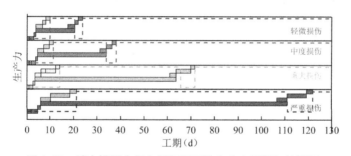

图 4-17 某次模拟中每个损坏级别的生产力函数和甘特图

两次维修调度提供了一种备件储存的替代方案。对于一些存储成本较高且较牢固的系泊组件,采取短期补救措施具有经济效益。短期恢复生产的措施需要提前制定恢复程序,包括所需的工程船类型,并密切关注船舶设备租赁公司的可用组件。

4.9 本章小结

本章提出了一种浮式平台系泊失效的恢复模型的构建方法。基于文献综述和征求专家知识的详细调查问卷,定义和量化分析恢复过程及其不确定性影响因素,提出进度不确定性关联分析模型量化不确定性对恢复模型的影响,并在多次蒙特卡罗模拟后,引入高斯混合模型和正态分布模型,建立不同损伤级别的概率恢复模型。针对南海某半潜式平台的分析验证了恢复模型,并讨论了进度不确定性关联分析模型及物理现实的影响,包括海况季节性、备件可用性和针对不同损坏程度的二次维修调度等。

    基于本章对系泊失效下浮式平台恢复能力的研究,提出了一些提高系统恢复韧性的建议:①在维修作业不便的季节,如秋冬季节,需要特别关注系统的安全运维管理;②备件采购所需时间成本较高,在系统全生命周期管理中,需要确保备件可用性;③或可将二次维修调度方案作为备件计划的补充措施,制定完整的系泊失效事故响应程序,并确保备件租赁便利是方案的基础。此外,考虑到其他损伤级别的恢复工期均远远超过轻微损伤级别所需工期,提高系统的鲁棒性、抵御连续失效的能力对提升系统恢复韧性也至关重要。

    本章的研究提供的工具,有助于分析和提高系泊失效事故恢复的韧性水平。本工作对于中国南海海域等地区的系泊维修作业至关重要。根据不同平台的结构特征,有针对性地定义其损伤级别,本章所提出分析方法可以扩展运用到其他类似的海上油气生产过程及设施。在应用过程中需要注意,专家的意见具有很强的案例针对性,实际应用受到数据来源的限制。通过建立恢复数据库,包括失效事故记录和恢复数据等,实现数据共享,开发数据平台,可以方便方法的现场应用。

本章部分图例

说明:为了方便读者直观地查看彩色图例,此处节选了书中的部分内容进行展示。页面左侧的页码,为您标注了对应内容在书中出现的位置。

第5章 深水浮式平台系泊失效的韧性评估动态建模方法

5.1 引言

陆上关键基础设施的韧性评估研究正如火如荼地开展,与此相比,尚无面向浮式平台的韧性评估的先例,尤其是在系泊失效情况下的研究。由关于韧性量化评估方法研究现状的分析可以看出,韧性研究有赖于构建反映系统特征及内外环境复杂性的性能曲线(图1-4)。目前,浮式平台评估数据不足是系统性能难以量化的关键问题之一,本章拟提出一种深水浮式平台系泊失效的韧性评估动态建模方法,以得到突发系泊失效事故时的系统性能曲线。

目前,使用多状态模型量化韧性的研究工作还很少,基于不同形式的马尔可夫理论,一些研究者开展了多状态系统性能评估。基于连续时间马尔可夫链,Lin等构建了基于模拟的社区建筑组合的恢复模型。Younesi等运用齐次马尔可夫链评估电力系统抵御自然灾害的能力。Cao等使用连续时间半马尔可夫链来模拟系统的老化效应及突然失效等过程。Dehghani等基于马尔可夫方法建立灾害影响和恢复之间的相互作用模型,之后将马尔可夫恢复模型拓展应用到多灾害韧性评估中。Liu等采用马尔可夫过程评估生命线韧性。Eldosouky等根据马尔可夫链定义关键基础设施性能状态。Zeng等基于马尔可夫更新奖励过程提出了一种韧性分析框架,后来运用非齐次半马尔可夫过程模型对其进行了扩展研究。Zhao等基于非齐次隐马尔可夫模型量化系统的韧性性能曲线。考虑到浮式平台响应的复杂性,系泊失效下的浮式平台的状态描述及性能量化仍有待深入研究。

基于以上分析,本章基于马尔可夫模型,首次提出了浮式平台从局部系泊失效发生到恢复系泊完好状态全过程的数学描述,其失效过程和恢复过程分别通过马尔可夫模型和连续时间马尔可夫链建模,求得解析解用于计算韧性评估性能曲线。关键创新之处在于根据系泊失效下浮式平台的特点,制定合适的状态描述方法。同时,所提出的方法考虑了系统内外部的多种影响因素,包括极端海况、单一事件的疲劳引起的结构退化、恢复进度安排、结构强度等。本章所提方法也展示了马尔可夫模型在处理不同复杂程度的结构,特别是浮式平台系泊系统韧性评估动态建模方面的多功能性。

本章的总体研究框架如图5-1所示。在5.2节,根据初始系泊失效后浮式平台系统的失效及恢复过程的特点,提出了多级状态划分方法。在5.3节,提出了一般失效过程模型,在此基础上提出了考虑极端海况和单一极端事件疲劳影响的失效过程模型,并根据解析结果进一步提出了基于持续时间的鲁棒性评估指标。在5.4节,基于连续时间马尔可夫链建立了基于估计系泊维修时间EMRT的恢复过程模型,在此基础上提出了基于恢复概率的恢复性韧性指标。此外,在本章及本书的其他章节中,用于系泊失效过程的评估数据主要来源于数值模拟,详细的水动力计算建模方法如第 2 章节所述。最后,在 5.5 节,介绍应用案例研究对象的基本情况及动态模型的基本信息,分别在 5.6 节和 5.7 节分析失效过程及恢复过程的动态模拟结果,并定量讨论了内部和外部影响因素对系统韧性的影响,包括极端海况、结构退化、恢复速率和强度等。在 5.8 节,总结本章内容并得出结论。

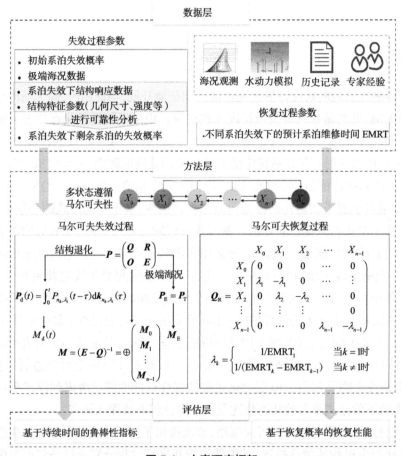

图 5-1　本章研究框架

5.2　系泊失效下的浮式平台多级状态划分

基于局部系泊失效下浮式平台的多种连续失效模式的分析,首先对局部系泊失效下的浮式平台的失效及恢复全过程的状态进行划分。本研究将其划分为 3 种不同的状态,分别为系泊完好状态 X_0、可恢复状态 $X_i(i=1,2,\cdots,n-1)$ 和不可恢复状态 X_n。其中,可恢复状态可根据失效系泊根数进一步划分,当平台处于 X_i 时,即表示此时有 i 根失效系泊。$n-1$ 为最大允许失效系泊根数,其取决于不同系统的具体要求。而不可恢复状态包括:失效系泊数量超过最大允许值,以及平台倾覆等情况。这种状态划分的方式也考虑了过度偏移这一连续失效模式。如果平台发生过度偏移时的失效系泊数量未超过最大允许量,则此状态可在维修过程中恢复,属于可恢复状态;如果过度偏移伴随有过量的失效系泊数量,则平台处于不可恢复状态。据此,各状态的具体划分及说明如下:

X_0——完好状态下的系统;

X_1——单根系泊失效下的系统;

X_2——两根系泊失效下的系统;

X_3——三根系泊失效下的系统;

$\vdots$

X_n——不可恢复状态,即吸收态。

所有状态都遵循马尔可夫性质:一个随机过程的未来状态只取决于它的现在而不取决于它的过去。通过马尔可夫过程将系泊失效和失效系泊恢复的全过程描述为一系列状态转换,如图 5-2 所示。

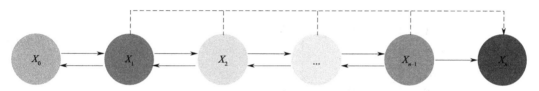

图5-2　用马尔可夫过程将局部系泊失效下的浮式平台的全过程表征为一系列状态转移

然而,由于连续失效过程及恢复过程的动态性和复杂性,不能先验地确定完成每个阶段的时间,即状态持续时间具有不确定性。图 5-3 描述了系泊失效和恢复的全过程随时间的变化示意图。本研究的失效过程数据来自水动力模拟。一般用 3 h 的模拟结果表示短期响应。因此,假设马尔可夫失效过程的每一步长为 3 h,结构在每个状态的具体持续时间及确定方法详见 5.3 节。彩色虚线表示结构处于不同状态时的恢复过程,这可根据历史数据和专家经验得出,具体的恢复模型详见 5.4 节。

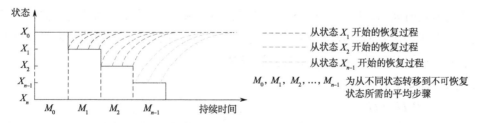

图5-3　局部系泊失效下的浮式平台失效及恢复过程

5.3　基于马尔可夫模型的系泊失效过程动态模拟

5.3.1　基于吸收马尔可夫链的系泊失效过程

基于带吸收态的马尔可夫模型,构建局部系泊失效下浮式平台失效过程的模型,初始转移概率矩阵为

$$
\boldsymbol{P}(0) = \begin{array}{c} X_0 \\ X_1 \\ \vdots \\ X_{n-1} \\ X_n \end{array} \overset{\begin{array}{ccccc} X_0 & X_1 & \cdots & X_{n-1} & X_n \end{array}}{\left(\begin{array}{cccc|c} p_{00} & p_{01} & \cdots & p_{0n-1} & p_{0n} \\ p_{10} & p_{11} & \cdots & p_{1n-1} & p_{1n} \\ \vdots & \vdots & & \vdots & \vdots \\ p_{n-10} & p_{n-11} & \cdots & p_{n-1n-1} & p_{n-1n} \\ \hline 0 & 0 & \cdots & 0 & 1 \end{array} \right)}
$$

$$
= \begin{array}{c} X_0 \\ X_1 \\ \vdots \\ X_{n-1} \\ X_n \end{array} \overset{\begin{array}{cccc} X_0 & X_1 & \cdots & X_{n-1} & X_n \end{array}}{\left(\begin{array}{c|c} \boldsymbol{Q} & \boldsymbol{R} \\ \hline \boldsymbol{O} & \boldsymbol{E} \end{array} \right)} \tag{5-1}
$$

式中:p_{ij} 为从状态 X_i 到状态 X_j 的转移概率,当 $i>j$ 时,$p_{ij}=0$;X_n 为不可恢复状态(即吸收态),故 $p_{nn}=1$。

假定浮式平台服役期间,初始系泊失效的发生次数服从泊松过程。根据泊松过程的性质3,初始转移概率矩阵的第一行可表示为

$$
p_{0i} = \begin{cases} \mathrm{e}^{-vT_s} & \text{当} i=0 \text{时} \\ 1-\mathrm{e}^{-vT_s} & \text{当} i=1 \text{时} \\ 0 & \text{当} i>1 \text{时} \end{cases} \tag{5-2}
$$

式中:T_s 为服役时间(以年为单位);v 为系泊的经验故障率,约为每根系泊每年失效 10^{-2} 次。

目前,关于初始系泊失效后,剩余系泊失效情况的公开数据很少。本章通过对系泊失效后的剩余系泊进行可靠性评估,确定其失效概率。

当 $i<j<n$ 时,

$$
p_{ij} = P(TR \geqslant TL) \tag{5-3}
$$

式中:TR 为张力响应,表示初始系泊失效后,每个时刻剩余系泊的最大张力;TL 为系泊极限张力。

矩阵最后一列的元素 p_{in} 表示的是从状态 X_i 转移到不可恢复状态 X_n 的概率,主要包括了平台倾覆的概率 p_{cap} 以及失效系泊超过最大允许量的概率 p_{fm}:

$$
p_{in} = (p_{\mathrm{cap}})_i + (p_{\mathrm{fm}})_i \tag{5-4}
$$

转移概率矩阵的对角线元素为

$$p_{ii} = 1 - \sum_{i \neq j} p_{ij} \tag{5-5}$$

令

$$M = \oplus(E-Q)^{-1} = \begin{pmatrix} M_0 \\ M_1 \\ \vdots \\ M_{n-1} \end{pmatrix} \tag{5-6}$$

式中: $\oplus(E-Q)^{-1}$ 为矩阵 $(E-Q)^{-1}$ 每一行的和组成的矩阵列向量, $M_i (i=0,1,2,\cdots,n-1)$ 为矩阵 M 的第 i 行, 即 $\oplus(E-Q)^{-1}$ 的第 i 行, 指系统从状态 X_i 转移到不可恢复状态所需的平均步骤, 即系统处于每个不同的失效状态的时间。

5.3.2　考虑海况影响的马尔可夫失效过程

本节主要考虑海况对失效过程的影响。海况的定义是指平台所处海域的风、浪、流的特征, 包括波浪的周期、波高、流速、风速等一系列特征, 用海况重现期 T 可表示为

$$T = 1/P(EOE \geqslant eoe) \tag{5-7}$$

式中: EOE 为极端海况特征, 包括波高、风速、流速等; $P(EOE \geqslant eoe)$ 为极端环境的概率分布。

在特定的极端海况下, 如式(5-3)至式(5-5)所示的转移概率将发生改变, 并进一步引起式(5-6)的矩阵 M 的变化。本节用 $p_{ij|T}$ 表示受海况影响的转移概率。

受海况影响的马尔可夫失效过程的概率转移矩阵 P_E 的每一项可表示为

$$p_{E_{ij}} = p_{ij|T} \tag{5-8}$$

并由此得到受海况影响的状态持续时间矩阵

$$M_E = \oplus(E-Q_E)^{-1} = \begin{pmatrix} M_{E_0} \\ M_{E_1} \\ \vdots \\ M_{E_{n-1}} \end{pmatrix} \tag{5-9}$$

式中: $\oplus(E-Q_E)^{-1}$ 为矩阵 $(E-Q_E)^{-1}$ 每一行的和组成的矩阵列向量; $M_{E_i}(i=0,1,2,\cdots,n-1)$ 表示矩阵 M_E 的第 i 行, 即 $\oplus(E-Q)^{-1}$ 的第 i 行, 指在特定海况下, 系统从状态 X_i 转移到不可恢复状态所需的平均步骤, 即系统处于每个不同的失效状态的时间。

5.3.3　考虑结构退化的马尔可夫失效过程

本节旨在评估局部系泊失效下, 台风等极端事件对系泊结构退化的影响。台风等极端事件具有破坏性大、持续时间短以及发生概率较小的特点, 在局部系泊失效下, 这样的事件可能不会引起剩余系泊渐进式失效, 但可能会加速其结构退化并缩短其疲劳寿命。在局部系泊失效, 等待维修的状态下, 平台受到低周期/高应力疲劳的影响。引入极端事件的疲劳检验是鲁棒性评估的重要环节。传统的疲劳可靠性评估考虑的是波浪散布图下结构的疲劳

累积损伤。虽然极端事件也包含在波浪散布图中,但所占比重很小。在本节中,为了突出极端事件对结构退化的影响,不考虑常规海况的疲劳损伤。此外,本节考虑的是单一极端事件对管道的疲劳损伤,而忽略了对系泊其他部件(如接头处)的影响。

受极端事件影响的概率转移矩阵

$$\boldsymbol{P}_{\mathrm{d}}(t) = \int_0^t \boldsymbol{P}_{n_{\mathrm{h}},\lambda_i}(t-\tau)\mathrm{d}\boldsymbol{k}_{n_{\mathrm{h}},\lambda_i}(\tau) \tag{5-10}$$

式中:λ_i为不同的单一极端事件的强度;n_{h}为发生的单一极端事件的数量;$\boldsymbol{k}_{n_{\mathrm{h}},\lambda_i}(t)$为$n_{\mathrm{h}}$个具有不同强度$\lambda_i$的单一极端事件概率核矩阵;$\boldsymbol{P}_{n_{\mathrm{h}},\lambda_i}(t)$为$n_{\mathrm{h}}$个具有不同强度$\lambda_i$的单一极端事件发生后,系统的转移概率矩阵;$t$为系统在局部系泊失效后的停机时间。

本节采用条件泊松过程模拟单一极端事件的发生过程。条件泊松过程是具有不同单位强度λ_i的泊松过程特征的随机过程。台风的强度λ_i可用不同的重现期表示。台风的概率核矩阵在时间$[t,t+s]$发生n_{h}次强度为λ_i的事件的概率,可表示为

$$\boldsymbol{k}_{n_{\mathrm{h}},\lambda_i}(t) = \boldsymbol{P}\{N(t+s) - N(t) = n_{\mathrm{h}}\} = \sum_{i=0}^{\infty} \mathrm{e}^{-\lambda_i t} \frac{(\lambda_i t)^{n_{\mathrm{h}}}}{n_{\mathrm{h}}!} \, p(\lambda_i) \tag{5-11}$$

根据规范 API-RP-2T 的规定,台风的持续时间通常为 36~48 h。据此,本章的案例分析假设每个台风事件的持续时间为 48 h。在台风作用期间,循环应力将引起强度退化。研究人员已经提出了不同的表达式和参数估计方法来描述剩余强度退化曲线,本节采用对数退化模型计算系泊的剩余强度:

$$UTS(n) = UTS(0) + \left[UTS(0) - S\right] \frac{\ln\left[1 - \left(\dfrac{n}{N}\right)\right]}{\ln N} \tag{5-12}$$

式中:$UTS(0)$为系泊的初始极限强度;S为应力范围;N为给定疲劳失效概率下在应力范围S内,系统发生疲劳破坏所需的应力循环次数,S-N 设计曲线可参考规范 BSI BS7608;$UTS(n)$为在受到恒定幅度S,循环次数n次后的剩余强度。基于疲劳损伤的等效性,该模型也适用于可变载荷的情况。

在经历了n_{h}次具有不同强度λ_i的极端事件作用后,系泊的剩余强度可表示为$UTS|(\lambda_i,n_{\mathrm{h}})$。将$UTS|(\lambda_i,n_{\mathrm{h}})$代入式(3-4)和式(3-6),可得$\boldsymbol{P}_{n_{\mathrm{h}},\lambda_i}(t)$。进一步地,根据式(5-10)可得到考虑结构退化的概率转移矩阵,记为$\boldsymbol{P}_{\mathrm{d}}$。

令

$$\boldsymbol{M}_{\mathrm{d}}(t) = \oplus(\boldsymbol{E}-\boldsymbol{Q}_{\mathrm{d}}(t))^{-1} = \begin{pmatrix} M_{d_0}(t) \\ M_{d_1}(t) \\ \vdots \\ M_{d_{n-1}}(t) \end{pmatrix} \tag{5-13}$$

式中:$\oplus(\boldsymbol{E}-\boldsymbol{Q}_{\mathrm{d}}(t))^{-1}$为矩阵$(\boldsymbol{E}-\boldsymbol{Q}_{\mathrm{d}}(t))^{-1}$每一行的和组成的矩阵列向量;$M_{d_i}(t)(i=0,1,2,\cdots,n-1)$为矩阵$\boldsymbol{M}_{\mathrm{d}}(t)$的第$i$行,即$\oplus(\boldsymbol{E}-\boldsymbol{Q}_{\mathrm{d}}(t))^{-1}$的第$i$行。$M_{d_i}(t)$指考虑了结构退化时,系统从状态$X_i$转移到不可恢复状态所需的平均步骤,即系统处于每个不同的

失效状态的时间。

5.3.4　基于持续时间的鲁棒性指标

基于上述失效过程的动态模拟,本节提出了基于持续时间的鲁棒性指标 $\mathscr{R}_{\mathrm{ro}}$,用于评价局部系泊失效下浮式平台抵御连续失效的能力。将指标定义为失效过程中系统处于每个状态的持续时间 M_i 之和,即结构从每个状态 X_i 进入不可恢复状态所需的平均步数。这一持续时间反映的是:每个状态下系统抵御连续失效至不可恢复状态的时间,这正是结构鲁棒性的含义。由于失效过程模型的每一步长为 3 h,为了提高指标的工程实用性,将指标单位转换为以 d 为单位,表示为

$$\mathscr{R}_{\mathrm{ro}} = \sum_{i=0}^{n-1} M_i / 8 \text{ d} \tag{5-14}$$

$\mathscr{R}_{\mathrm{ro}}$ 的值越大,表明结构在转化为不可恢复状态时经历的步骤更多,需要的时间更长,也就表明了此时系统具有更好的鲁棒性水平。根据工程经验,将基于持续时间的鲁棒性指标划分为 4 个等级,分别是:高(>120)、中($60\sim120$)、低($3\sim60$)和极低(<3)。不同等级的划分阈值可根据具体情况确定具体数值。

5.4　基于连续时间马尔可夫链的恢复过程动态模拟

5.4.1　基于连续时间马尔可夫链的恢复模型

本章引入连续时间马尔可夫链对系泊失效后的恢复过程进行建模。连续时间的马尔可夫链是具有马尔可夫性质的随机过程,即给定现在 $X(s)$ 和过去 $X(u)$,将来 $X(t+s)$ 的条件分布只依赖于现在并独立于过去。过程 $\{X(t), t \geq 0\}$ 是连续时间马尔可夫链,对于一切 s、$t > 0$ 和非负整数 i、j、$x(u)$,$0 \leq u < s$ 有

$$P\{X(t+s) = X_j \mid X(s) = X_i, X(u) = x(u) \quad 0 \leq u < s\} = P\{X(t+s) = X_j \mid X(s) = X_i\}$$
$$\tag{5-15}$$

恢复过程模型只考虑可恢复的状态,故建模时忽略了不可恢复状态 X_n。基于连续时间马尔可夫链,恢复过程的速率矩阵可表示为

$$\boldsymbol{Q}_{\mathrm{R}} = \begin{array}{c} \\ X_0 \\ X_1 \\ X_2 \\ \vdots \\ X_{n-1} \end{array} \begin{array}{c} X_0 \quad X_1 \quad X_2 \quad \cdots \quad X_{n-1} \\ \begin{pmatrix} 0 & 0 & 0 & \cdots & 0 \\ \lambda_1 & -\lambda_1 & 0 & & \vdots \\ 0 & \lambda_2 & -\lambda_2 & \cdots & \vdots \\ \vdots & \vdots & & \vdots & \vdots \\ 0 & \cdots & 0 & \lambda_{n-1} & -\lambda_{n-1} \end{pmatrix} \end{array} \tag{5-16}$$

$$\lambda_k = \begin{cases} 1/\mathrm{EMRT}_1 & \text{当 } k = 1 \text{ 时} \\ 1/(\mathrm{EMRT}_k - \mathrm{EMRT}_{k-1}) & \text{当 } k \neq 1 \text{ 时} \end{cases}$$

式中:λ_k 为状态 X_k($k = 1, 2, \cdots, n-1$)的转移速率,当平台处于状态 X_k 时,平台有 k 根系泊失

效；EMRT_k 为维修 k 根系泊的预计维修时间。

该恢复模型的关键因素是预计系泊维修时间（Estimated Mooring Repair Time, EMRT），记为 EMRT。EMRT 是系泊失效后的总停机时间，包括完成以下工作所需的时间：确定损坏程度、制定修复程序、部署合适的船只（如潜水支持船（DSV）、遥控潜水器（ROV）等）、安排有经验的维修人员、在没有合适备件的情况下需要采购维修部件、拆除/更换失效部件、暂时性维修和后续长期稳定维修、测试维修效果、物流延迟和行政延误等。与总停机时间相关的 3 个主要参数为：维修时间（与设备设计、使用培训及维修人员技能相关的函数）、物流时间（从其他地方调配更换部件而花费的时间）、行政时间（与组织运营相关的函数）。本章的 EMRT 是根据系泊快速响应计划（MRRP）估计的。MRRP 是每个永久停泊设施的事故响应计划，规定了浮式生产设施发生系泊失效时应遵循的一系列步骤。当单根系泊失效时，转移速率 λ_1 为维修单根系泊所需时间 EMRT_1 的倒数；由于系泊修复是逐个进行的，当有多根系泊需要维修时，转移速率 λ_k 为每新增一根待修系泊而多花费的时间（$\mathrm{EMRT}_k - \mathrm{EMRT}_{k-1}$）的倒数。

基于柯尔莫哥洛夫后向方程：

$$\boldsymbol{P}'_{\mathrm{R}}(t) = \boldsymbol{Q}_{\mathrm{R}} \cdot \boldsymbol{P}_{\mathrm{R}}(t) \tag{5-17}$$

可计算得恢复过程的概率转移矩阵

$$
\boldsymbol{P}_{\mathrm{R}}(t) =
\begin{matrix}
& \begin{matrix} X_0 & X_1 & X_2 & \cdots & X_{n-1} \end{matrix} \\
\begin{matrix} X_0 \\ X_1 \\ X_2 \\ \vdots \\ X_{n-1} \end{matrix} &
\left(
\begin{array}{c:cccc}
1 & 0 & 0 & 0 & 0 \\ \hdashline
p_{\mathrm{r}\ 1,0}(t) & p_{\mathrm{r}\ 1,1}(t) & 0 & \cdots & 0 \\
p_{\mathrm{r}\ 2,0}(t) & p_{\mathrm{r}\ 2,1}(t) & p_{\mathrm{r}\ 22}(t) & \cdots & 0 \\
\vdots & \vdots & \vdots & & \vdots \\
p_{\mathrm{r}\ n-1,0}(t) & p_{\mathrm{r}\ n-1,1}(t) & p_{\mathrm{r}\ n-1,2}(t) & \cdots & p_{\mathrm{r}\ n-1,n-1}(t)
\end{array}
\right)
\end{matrix}
\tag{5-18}
$$

其中，每个元素 $p_{\mathrm{r}\ i,j}(t)$ 指的是从状态 X_i 到状态 X_j 在时间间隔 $[0,t]$ 内的转移概率。特别地，矩阵每行的第一项 $p_{\mathrm{r}\ i,0}(t)$，表示在 $[0,t]$ 时间内完成所有维修任务后，系统恢复系泊完好状态的概率。

5.4.2　基于恢复概率的恢复性能

基于上述动态模拟恢复过程，本节提出了基于恢复概率的恢复性能，用于评估系统从失效状态中恢复的能力。为了衡量系统韧性，Dhulipala 提出以系统完全恢复的概率作为系统性能恢复曲线。在工程应用中，考虑到维修任务的不确定性，系统完全恢复所需的时间会发生变化。本节将基于恢复概率的恢复性能定义为系统在规定修复时间内能够完全恢复的概率，即

$$\mathcal{R}_{\mathrm{re}} = P(t < t_{\mathrm{a},i}) = p_{\mathrm{r}\ i,0}(t_{\mathrm{a},i}) \tag{5-19}$$

式中：$p_{\mathrm{r}\ i,0}(t)$ 为矩阵（式（5-18））的第一列元素；$t_{\mathrm{a},i}$ 为在 i 根系泊失效的状态 X_i 的最大允许修复时间。本节是基于 5.3 节的失效模型确定不同状态 X_i 的最大允许修复时间 $t_{\mathrm{a},i}$ 的，将其定为此时结构进入不可恢复状态所需的平均步数，即式（5-6）得到的 M_i，或考虑环境的式

（5-9）得到的 M_{E_i}，或考虑结构退化的式（5-13）得到的 M_{d_i}。在工程实践中，可以根据具体结构及业主的具体要求等设置最大允许修复时间。

不同失效状态的系统具有不同的恢复性能值 $\mathscr{R}_{re}$。较大的 $\mathscr{R}_{re}$ 表示在规定时间内修复完成的概率较高，即系统的恢复韧性更好。恢复韧性水平可划分为 4 个类别，分别为极低 $[0,0.25]$、低 $(0.25,0.5]$、中等 $(0.5,0.75]$ 和高 $(0.75,1]$。

5.5　应用案例介绍

本章应用案例分析的研究对象与第 3 章 3.3 节的应用案例一致，研究对象的结构布置、几何参数及海况数据等均如 3.3.1 节所述。

5.5.1　应用案例基本假设

在案例分析中，本节做了如下假设。

（1）为了简化计算，假设最多允许 2 根筋腱发生失效。研究表明，当同一立柱下的两根筋腱同时失效时，平台具有很高的失效风险，极易发生连续失效。据此，本案例的状态可以简化为 4 种，包括系泊完好状态 X_0、单根筋腱失效状态 X_1、两根筋腱失效状态 X_2 以及不可恢复状态 X_3（包括平台倾覆及两根以上筋腱失效等情况）。

（2）假设 X_1 状态中，失效的单根筋腱为 T1；X_2 状态中，失效的两根筋腱在同一立柱下，即 T1 和 T2。因为当 T1 失效时，位于同一立柱下的 T2 是最易发生失效的筋腱。

（3）本书关注的结构退化主要是系泊失效后等待维修期间的情况，这个阶段的时长远短于平台长期服役时间，为了突出单一极端事件对结构退化的影响，本书忽略了长期疲劳损失的影响，假设筋腱的强度和尺寸不会随着服役时间而变化，即系泊失效时，剩余筋腱的性能完好如新。筋腱的参数曲见表 5-1。

表 5-1　筋腱参数

随机变量	平均值	标准差	分布
极限抗拉强度（MPa）	700	0.05	对数正态分布
筋腱外径（mm）	1 016	0.03	正态分布
筋腱壁厚（mm）	38	0.05	正态分布

（4）假设环境载荷风浪流共线，海况条件选用中国南海海域热带气旋下不同重现期——1、5、10、25、50、100、200、500、1 000 年一遇的风浪流数据。

（5）假设环境载荷方向为 225°。载荷方向是按照逆时针方向，风浪流的传播方向与 X 轴正方向之间夹角。如图 5-4 所示，当 T1 失效时，考虑到平台的对称性，以 45° 等间隔，共有 5 个不同的载荷方向，分别为 0°、45°、225°、270°、315°。前期有关于载荷方向对局部系泊失效下浮式平台的结构鲁棒性的研究表明，无论单根筋腱失效或两根筋腱失效，在环境载荷为

225° 时,张力腿平台发生连续失效的可能性最大。因此,在本研究将载荷方向设定为 225°。

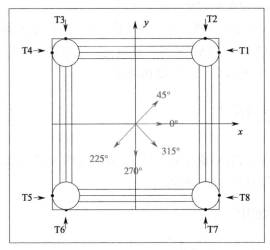

图 5-4　环境载荷方向

此外,在不同重现期海况下,对单根筋腱 T1、两根筋腱 T1 和 T2 失效下的张力腿平台,进行大量时长为 3 h 的时域响应模拟分析,获得张力响应数据,并构建张力响应概率分布模型,基于非线性拟合后的幂函数,可以获得不同重现期海况下局部系泊失效下的张力响应概率分布模型参数。过程及结果详见 3.3.3 节。基于式(3-6)得到失效概率,随后基于 5.3 节所述的方法,进行马尔可夫失效动态模拟,可得到系泊失效过程的动态模拟结果,详见 5.6 节。

5.5.2　马尔可夫恢复模型信息

基于 5.5.1 节的假设(1)及假设(2),本案例分析只考虑 3 个不同的状态,分别为完好状态 X_0,单根筋腱 T1 失效的状态 X_1,两根筋腱 T1 和 T2 失效的状态 X_2,故本案例的速率矩阵为

$$\boldsymbol{Q} = \begin{array}{c} \\ X_0 \\ X_1 \\ X_2 \end{array} \begin{array}{ccc} X_0 & X_1 & X_2 \\ \begin{pmatrix} 0 & 0 & 0 \\ \lambda_1 & -\lambda_1 & 0 \\ 0 & \lambda_2 & -\lambda_2 \end{pmatrix} \end{array} \tag{5-20}$$

其中,$\begin{cases} \lambda_1 = 1/\mathrm{EMRT}_1, \\ \lambda_2 = 1/(\mathrm{EMRT}_2 - \mathrm{EMRT}_1)_\circ \end{cases}$

基于柯尔莫哥洛夫后向方程(式(5-17)),可得本案例的状态转移概率矩阵:

$$\boldsymbol{P}_{\mathrm{R}}(t) = \begin{pmatrix} 1 & 0 & 0 \\ 1 - \mathrm{e}^{-\lambda_1 t} & \mathrm{e}^{-\lambda_1 t} & 0 \\ 1 - \dfrac{\lambda_2 \mathrm{e}^{-\lambda_1 t} - \lambda_1 \mathrm{e}^{-\lambda_2 t}}{\lambda_2 - \lambda_1} & \dfrac{\lambda_2}{\lambda_2 - \lambda_1}(\mathrm{e}^{-\lambda_1 t} - \mathrm{e}^{-\lambda_2 t}) & \mathrm{e}^{-\lambda_2 t} \end{pmatrix} \tag{5-21}$$

基于历史数据和专家经验估计恢复速率：根据工程经验，仅包括更换系泊缆及全缆检查，换一根系泊大概需要 24 h。前期工程船的调用（包括调用船的种类、地点及天气情况等）及备件采购情况等存在很大的不确定性，需要具体情况具体分析。根据维修备件及工程船调用情况的不同，恢复速率可分为 4 种情况，见表 5-2。本节的恢复速率是基于文献 [4] 并结合专家经验估算的。在工程实践中，恢复速率可根据具体情况具体估算。随着系泊修复历史数据库的完善，恢复过程的评估也会变得越来越可靠。

表 5-2　不同工况的恢复速率 ①

工况	描述	恢复速率值(/d)
#1	维修备件情况：有足够的可用的维修备件	$\lambda_1 = 1/5$
	工程船调用情况：可以方便快速地调用所需工程船	$\lambda_2 = 1$
#2	维修备件情况：没有可用维修备件；需要等待维修备件	$\lambda_1 = 1/90$
	工程船调用情况：工程船调用不方便；浮式平台所处位置远离主要的离岸操作中心	$\lambda_2 = 1/91$
#3	维修备件情况：有足够的可用的维修备件	$\lambda_1 = 1/35$
	工程船调用情况：工程船调用不方便；浮式平台所处位置远离主要的离岸操作中心	$\lambda_2 = 1/1$
#4	维修备件情况：有部分可用的维修备件（此例中表示仅拥有 1 个可用备件）	$\lambda_1 = 1/5$
	工程船调用情况：可以方便快速地调用所需工程船	$\lambda_2 = 1/85$

在 5.7 节将讨论不同工况的恢复速率对恢复过程的影响，并讨论结构退化和结构强度对恢复过程的影响。其中，恢复过程的性能通过 5.4.2 节提出的基于恢复概率的恢复性能量化。

5.6　失效过程动态模拟结果分析

5.6.1　考虑海况影响的结果分析

随着服役时长和海况不同，基于持续时间的鲁棒性指标的变化情况如图 5-5 所示。结果表明，海况强度对结构鲁棒性的影响比服役时间更为显著。服役时间影响相对较小的现象受本书所作的假设影响，如式（5-2）所示的泊松过程公式，服役时长仅影响初始系泊失效事件的发生概率，而基于 5.5.1 节的假设（3），使用寿命不影响系泊极限张力。

如图 5-6 所示，当平台服役 20 年未更换维修相关系泊部件时，随海况强度变大，基于持续时间的鲁棒性指标值会先急剧下降，然后趋缓。当海况小于百年一遇时，部分案例的指标值默认不显示在图中，此时基于持续时间的鲁棒性水平接近无穷大，因为在相对平和的海况下，筋腱发生连续失效的概率非常小，结构转移到不可恢复状态的平均步数趋近于无穷大。图中不同颜色的背景表示不同级别的鲁棒性水平。从图中可以看出，当海况重现期超过 500 年时，结构低于高水平的鲁棒性级别，这需要特别注意。

---

① 数据来源：基于文献 HSE Research Report 444 的预估。

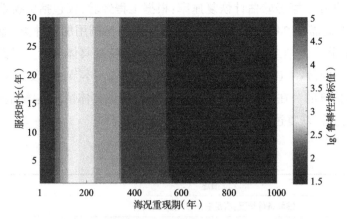

图 5-5 基于持续时间的鲁棒性指标随服役时长和海况的变化

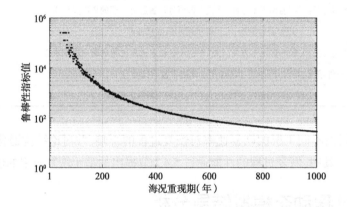

图 5-6 基于持续时间的鲁棒性指标随海况变化(服役时长为 20 年)

5.6.2 考虑结构退化的结果分析

本节考虑的是局部系泊失效后极端事件引起的结构退化对平台系泊系统失效过程的影响,本节的单一极端事件指的是强热带风暴(最大风速为 24.5~32.6 m/s),假定每次极端事件持续 48 h。根据中国南海海域自 1979 年至 2016 年的热带气旋记录,共有 42 次强热带风暴,据此将强热带风暴的经验频率假设为每年 1.17 次。此外,本书所研究的不同重现期的海况数据中,有 3 个级别海况的风速在 24.5~32.6 m/s,其重现期分别为 1 年、5 年和 10 年,据此假设有这样 3 个不同等级的强热带风暴,其发生概率见表 5-3。根据式(5-11),可得到强热带风暴的概率核矩阵。

表 5-3 3 个等级的强热带风暴的概率

重现期(年)	1	5	10
$p(\lambda_i)$	0.741	0.185	0.074

图 5-7 以 200 年、500 年和 1 000 年一遇海况为例,展示了强热带风暴极端事件引起的结构退化对鲁棒性水平的影响。随着系泊失效状态下等待维修时间变长,系统的鲁棒性水平也缓慢降低,极端事件对结构退化的影响逐渐明显。然而,相较于海况对筋腱失效的影响,极端事件引起的结构退化对鲁棒性水平的影响相对不显著,但也不可忽视。在实际工程中,由于备件采购时间较长等原因导致等待维修时间过长时,需要仔细检查剩余筋腱,确定极端事件引起的疲劳损伤对其损伤程度,并决定是否需要进行维修或更换。另外,当最终维修任务准备时间过长时,需要视情况决定是否需要先进行短期修复,以降低极端事件的结构退化影响。

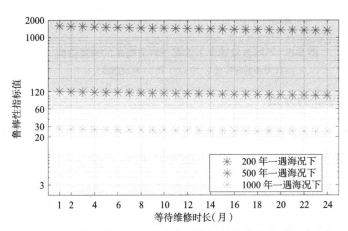

图 5-7　基于持续时间的鲁棒性指标随等待维修时长的变化

5.7　恢复过程动态模拟结果分析

5.7.1　恢复速率的影响分析

本节主要讨论恢复速率对恢复性能的影响,如图 5-8 展示了不同恢复速率下张力腿平台的基于恢复概率的恢复性能变化情况。随着海况强度变大,不同恢复速率下,恢复性能都呈下降趋势。当海况相对温和时,恢复性能为 1,表明此时系泊失效事故都可以及时修复,不会发生连续系泊失效事故。对比图 5-8(a)中单根筋腱失效的情况和(b)中两根筋腱失效的情况,随着海况变恶劣,后者的恢复性能值下降更快。

单根筋腱失效时,工况 #1 和工况 #4 的恢复性能值始终保持在高水平。除非备件采购时间过长(如工况 #2 和工况 #3)或工程船调用不便(如工况 #3),单根筋腱失效下系统通常可以及时恢复到完好状态。因此,当工程船调用不便,平台距离主要的离岸操作中心过远时,应定期检查备件情况,确保备件可用性。

在两根筋腱失效时,即使在具有良好恢复条件的工况 #1 的情况下,当环境变恶劣时,恢复性能仍显不足。当海况重现期大于 200 年左右时,工况 #1 的恢复性能就低于高水平了,而在其他恢复条件更差的情况,恢复性能表现更差。因此,在系泊系统设计运营维护的过程中,必须杜绝两根筋腱失效的情况。

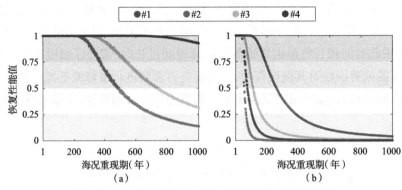

图 5-8　不同恢复速率下的基于恢复概率的恢复性能
(a)T1 单根筋腱失效下　(b)T1 和 T2 两根筋腱失效下

5.7.2　结构退化的影响分析

本节考虑了结构退化对恢复性能的影响。在图 5-9 中,越浅的颜色表示结构等待维修的时长越长,在此期间极端事件引起的结构退化越显著。图 5-9 的曲线都呈现了相同的趋势,浅的颜色分布在相对靠下的区域,表明了结构退化略微降低了恢复性能。本节通过计算不同结构退化情况与不受结构退化影响的案例之间的均方根偏差(Root-Mean-Square Deviation, RMSD),量化结构退化对恢复性能的影响程度,如图 5-10 所示。结果表明,忽略损伤积累的影响可能导致最多 0.115 的偏差,且其对两根筋腱失效情况的影响大于单根筋腱失效。

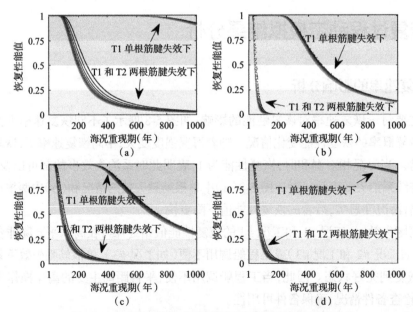

图 5-9　考虑结构退化的不同恢复速率下恢复性能变化[①]
(a)#1,考虑结构退化　(b)#2,考虑结构退化　(c)#3,考虑结构退化　(d)#4,考虑结构退化

---

① 越浅的颜色表示结构退化影响越大。

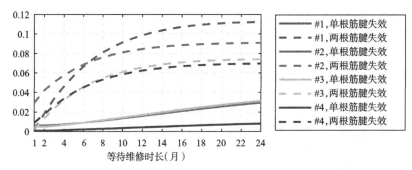

图 5-10 考虑结构退化的恢复性能的均方根方差 ①

5.7.3 筋腱强度的影响分析

本节讨论了筋腱强度对恢复性能的影响。将筋腱极限抗拉强度的均值以 25 MPa 为间隔从 450 MPa 增加到 800 MPa,分别计算其恢复性能情况,结果如图 5-11 所示,越浅的颜色表明此时筋腱强度越高。结果表明,增加筋腱强度显著增加系统的恢复性能。然而,在两根筋腱失效时,即使筋腱具有很高的强度,在恶劣海况中,恢复条件如工况 #2 和工况 #4 的系统恢复性能仍然很差,与筋腱强度低的情况相比并无显著提升。其中,关键的影响因素是用于采购新维修部件的时间过长。

本节通过计算每 25 MPa 的强度增量的案例之间的平方回归和(Sum of Squares Regression,SSR)量化筋腱强度增加对恢复性能的影响程度,如图 5-12 所示。结果表明,每增加 25 MPa 的筋腱强度可能引起的最大偏差为 0.118。相对于单根筋腱失效的情况,筋腱强度增大对恢复性能的正面影响在两根筋腱失效时更为显著。尤其是在筋腱强度还比较低的时候,增强效果的差距更为明显。对于单根筋腱失效的情况,图 5-12 的曲线都先增加到达一个峰值(工况 #1 和工况 #4 为 600 MPa,工况 #3 为 675 MPa,工况 #4 为 725 MPa),然后再下降。这是因为当筋腱的强度处于上述峰值时,恢复性能已经接近或者达到 1,进一步增强筋腱起不到提高恢复性能的作用。相反,当两根筋腱失效时,筋腱强度提升对恢复性能的正面影响变得越来越明显。

5.8 本章小结

本章基于马尔可夫模型,考虑外部和内部多种影响因素作用,提出了局部系泊失效下浮式平台的韧性评估动态建模方法。在开发的模型中,划分了多级状态,包括系泊完好状态、不同失效系泊数量下的可恢复状态和不可恢复状态。通过具有吸收态的马尔可夫过程及基于预计系泊维修时间 EMRT 的连续时间马尔可夫过程分别构建了系统性能动态失效过程和恢复过程模型。基于结果定义了两个数值指标分别衡量系统韧性的两个方面,分别为基于持续时间的鲁棒性指标和基于恢复概率的恢复性能。

---

① 单根筋腱失效时,工况 #1 和工况 #4 曲线重合。

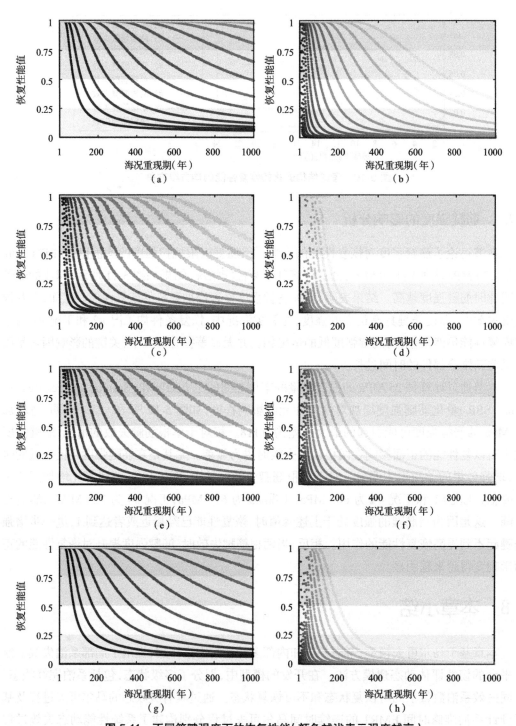

图 5-11　不同筋腱强度下的恢复性能（颜色越浅表示强度越高）

（a）#1,单根筋腱失效　（b）#1,两根筋腱失效　（c）#2,单根筋腱失效　（d）#2,两根筋腱失效
（e）#3,单根筋腱失效　（f）#3,两根筋腱失效　（g）#4,单根筋腱失效　（h）#4,两根筋腱失效

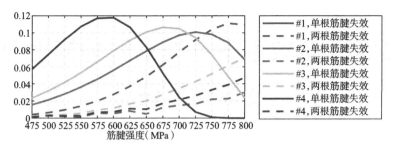

图 5-12　每增加 25 MPa 的筋腱强度对恢复性能影响的平方回归和 ①

　　将本书所提出的方法运用于系泊失效下某张力腿平台的韧性评估分析案例,并讨论了极端海况、结构退化、恢复速率和强度对其的影响情况,所提出的韧性评估动态建模方法可有效量化影响效果,因此也可用于规划韧性提升。分析结果表明:①随着海况变剧烈或停机时间变长,结构的鲁棒性韧性下降;②量化恢复速率对韧性的影响可以为备件准备和维修部署决策提供理论依据,结构退化对恢复韧性影响较小;③系泊结构强度增强对于具有单根系泊失效的情况的影响有限,而对于具有 2 根系泊失效的情况则有持续的积极效果。但值得注意的是,两根系泊失效的张力腿平台一般都已不再处于高恢复韧性水平,应着重防止出现两根系泊失效的情况。当鲁棒性韧性较低时,应注意提高韧性在恢复性方面的能力,如备好随时可用备件、完善维修船舶调动方案等。

　　本章所提出的韧性评估动态建模方法为分析局部系泊失效下的浮式平台的韧性提供了一种有效的方法,其不仅适用于应用案例中的深水张力腿平台的韧性评估,对其他深水平台可通过构建相应水动力分析模型或数据监测等方法获取其响应分析数据,收集其维修数据,以构建反映对应平台特征的马尔可夫失效模型及恢复模型。

　　此外本方法仍然存在一些局限性,在未来的研究中可进一步改进。其一,连续时间的马尔可夫模型的隐含假设是恢复时间遵循指数分布。然而,这一假设在实践中并不总是成立的。另一个缺点是,本章的案例分析是在有限的数据库下进行的,在实践中获取数据困难且成本昂贵。可以加强与工程部门的协作,以构建更详细的模型,更详细的恢复过程数据可有效校准所提出的模型。

本章部分图例

说明:为了方便读者直观地查看彩色图例,此处节选了书中的部分内容进行展示。页面左侧的页码,为您标注了对应内容在书中出现的位置。

---

① 工况 #1 和工况 #4 在单根筋腱失效时的曲线重合。

第6章　多灾害下系泊系统的韧性建模及评估方法

6.1　引言

在全球气候变化的大背景下,各种灾害频率和强度均增大,多种灾害的普遍随机性增加了安全管理的难度,量化工程系统在多灾害下的韧性成为研究共识。本章扩大了第 5 章提出的多状态韧性评估动态建模的应用场景,面向深水浮式平台的系泊系统,提出其在多灾害下的系统性能动态模拟及评估方法。

为了处理不同的多灾害相互作用类型,需要更精细地划分深水浮式平台系泊系统在多灾害下的复杂状态,故本章在第 4 章 4.2 节系泊失效事故损伤级别的标准化描述的基础上,提出了适用于大多数具有复杂配置的系统的通用状态定义。依据失效单元和系统整体性能两方面划分状态,并可根据具体的结构形式灵活应用。据此进一步改进了失效过程的动态模拟方法,基于隐马尔可夫链模型(Hidden Markov Model, HMM)对系泊失效下浮式平台的失效过程进行数学描述,形象地量化系统的损伤程度,综合考虑系统的失效单元和失效模式。在第 5 章的恢复过程动态模拟中,连续时间的马尔可夫模型的隐含假设是恢复时间遵循指数分布。然而,这一假设在实践中并不总是成立,本章也在第 4 章恢复过程分析的基础上,构建了更全面的恢复过程动态模拟方法,可分别考虑数据缺失和数据较完整的情况,以及失效单元和系统整体性能恢复措施,同时也考虑了多灾害在时空关系上的渐进影响。最后,基于多灾害下的系统性能动态模拟得到的性能随时间变化的曲线,提出了韧性评估框架。

基于以上分析,本章所提出的多灾害下系泊系统韧性建模及评估方法的研究框架如图 6-1 所示。本章的其余部分概述如下 : 6.2 节和 6.3 节分别提出多灾害的类型和系统状态的通用定义 ; 6.4 节和 6.5 节则分别构建了多灾害下系泊系统的失效过程和恢复过程的动态模拟方法 ; 基于所得的性能曲线, 6.6 节针对局部系泊失效后不同时间阶段构建了相应评估指标 ; 将以上方法运用于 6.7 节中国南海某半潜式生产系统的案例分析中,以验证方法的有效性和适用性,并讨论了灾害等级、多灾害间隔时间和不同失效状态对结果的影响,比较了单一灾害和多灾害下的模拟情况 ; 最后在 6.8 节总结本章内容。

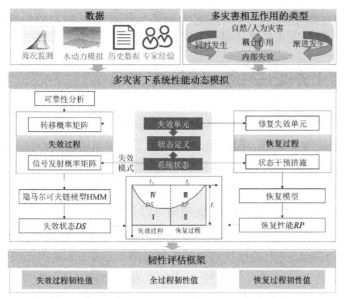

图 6-1　多灾害下马尔可夫韧性建模方法研究框架

6.2　多灾害的类型定义

首先需要讨论本章所考虑的多灾害相互作用的类型,灾害不仅指外部的自然灾害和人为灾害,还包括内在固有的结构故障。多灾害相互作用的类型如图 6-2 所示,包括并发灾害、渐进式灾害(无论灾害间是否存在因果关系)以及自然灾害与结构失效灾害的耦合灾害 3 种类型。前两种类型在时间维度上定义了灾害相互作用关系。第三种耦合灾害则强调外部和内部灾害之间的相互作用。外部灾害可能导致系统内部失效,系统内部状态(如完好系统、失效系统等)反过来也会影响外部灾害造成的后果。

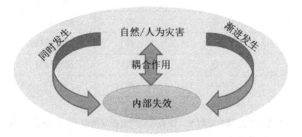

图 6-2　多灾害相互作用的类型

本章将多灾害下的系泊系统发生故障后的整个过程分为两个部分,即失效过程和恢复过程。失效过程包括系泊失效前及失效状态存续期,在失效阶段,系统性能主要强调其在多灾害作用下的可靠性和鲁棒性。此阶段的多灾害相互作用类型主要是指并发灾害以及外部灾害与内在故障的耦合灾害。关键是要处理:①多种灾害同时发生时系统性能表现情况;②当局部构件失效后,系统性能表现情况。恢复过程是指系泊失效后的恢复阶段。此阶段主要考虑渐进式灾害,多灾害视角旨在讨论当第二种灾害连续发生时,将对恢复过程造成的影响。第二个灾害可能发生在系统从前一个灾害中未恢复、部分恢复或完全恢复的时刻。

6.3　多灾害下系泊系统的状态定义

研究多灾害下系泊系统的状态定义是系统性能建模的关键步骤之一,也是模型工程适用性的关键。针对结构复杂的工程系统,本节提出了一种通用的状态定义方法,包括失效单元和系统状态两部分。对于失效单元,主要关注其数量及是否为关键部件。对于系统状态,主要关注系统的整体运动状态,对于浮式平台,主要是指平台的水平偏移响应、平台转角响应等;对于土木工程结构或固定式平台,此项则可以是系统的位移、刚度等。

如第 5 章 5.2 节所述,系泊失效发生后,连续失效模式主要包括系泊连续失效和其他关键部件(如立管等)失效、过大偏移及倾覆等。参考第 4 章 4.2 节的损伤级别界定方法,本节定义了局部系泊失效下浮式平台的状态,见表 6-1,此状态定义由失效单元和系统运动性能两部分组成。失效单元可以通过人工干预进行修复;由于浮式平台多为顺应式结构(或半刚性半顺应性的张力腿平台),系统运动性能无须人为干预也可恢复正常状态,但人为干预可加速这一过程。本章将采用这一状态定义方法进行系统性能建模。

表 6-1　多灾害下系泊失效的状态定义

状态	失效单元			系统状态		具体描述
	系泊[a]	立管等其他生产系统损伤	未预见的关键损伤	水平偏移[b]	平台转动[b]	
完好	0	否	否	未超出限制	未超出限制	Ⅰ
轻微损伤	1	否	否	未超出限制	未超出限制	Ⅱ
中等损伤	1	是	否	超出限制	未超出限制	Ⅲ
	≥2	否	否	未超出限制	未超出限制	Ⅳ
重大损伤	≥2	是	否	超出限制	未超出限制	Ⅴ
	≥4	否	否	未超出限制	未超出限制	Ⅵ
Ⅰ 级严重损伤	≥4	是	否	超出限制	超出限制	Ⅶ
Ⅱ 级严重损伤	—	—	是	—	平台倾覆	Ⅷ

Ⅰ. 多灾害下系统仍完好。

Ⅱ. 一根系泊发生失效,但未发生其他连续失效情况。锚失效的严重程度稍高于一段链条、聚酯绳、钢丝绳、连接器失效。对单根系泊失效下浮式系统普遍有安全性要求。

Ⅲ. 一根系泊发生失效,并伴随有过大水平偏移,这将威胁到立管等其他生产系统的安全。

Ⅳ. 两个或多个相同的系泊组件发生失效,但没有对其他生产系统造成进一步损坏,并且水平偏移量在限制范围内。

Ⅴ. 两个或多个相同系泊构件失效,伴有过大水平偏移,并对其他生产系统造成损坏。

Ⅵ. 多系泊组件发生失效。

Ⅶ. 多系泊组件失效,同时,水平偏移超出限制,或立管等其他生产系统发生损伤,或平台转角超出限制。

Ⅷ. 无论系泊系统的损伤情况如何,一旦发生未预见的关键损伤或平台倾覆则为 Ⅱ 级严重损伤。

> a. 不同状态的失效系泊数量与系泊系统的配置有关。浮式平台的同一立柱下可能有 2~4 根,甚至更多系泊。一般来说,如果同一立柱下的所有系泊均失效,则属于重大损伤状态。案例平台有 4 根立柱,且每根立柱下均系有 4 条系泊。
> b. 系统状态的限制主要根据规范确定,并结合具体情况(如专家经验或业主要求等)灵活设置。

除此之外,还有基于系统功能性能的替代状态定义方法,不同级别的状态可根据不同比例的生产能力定义。对于海上浮式平台,其生产功能是供应石油天然气,对于海上风电场,其性能则为发电能力。

6.4　基于隐马尔可夫链模型的系泊失效过程动态模拟

在多灾害下,浮式平台如果发生局部系泊失效,可能导致系统因没有足够的承载力而发生连续失效。在外部灾害和内部结构失效的耦合作用下,系统会呈现不同的状态,见表 6-1。本节在第 5 章的马尔可夫失效过程模拟的基础上,加入对平台运动状态的考量,采用了隐马尔可夫链模型对失效过程的系统性能进行动态模拟。令 $\{X_n, n = 1, 2, \cdots\}$ 是一个转移概率为 $P_{i,j}$ 和初始状态概率为 $p_i = P\{X_1 = i\}, i \geqslant 0$ 的马尔可夫链。假设有一个信号的有限集 S,使马尔可夫链在每次进入一个状态时发射一个 S 中的信号。此外,假设当马尔可夫链进入状态 j 时,独立于先前的马尔可夫链的状态和信号,发射信号 s 的概率为 $p(s|j)$, $\sum\limits_{s \in S} p(s|j) = 1$,即如果以 S_n 表示发出的第 n 个信号,则

$$\begin{cases} P\{S_1 = s | X_1 = j\} = p(s|j) \\ P\{S_n = s | X_1, S_1, \cdots, X_{n-1}, S_{n-1}, X_n = j\} = p(s|j) \end{cases} \tag{6-1}$$

上述类型的模型,可以观测到信号序列 $S_1, S_2, \cdots$,而潜在的马尔可夫链的状态序列 $X_1, X_2, \cdots$ 是观测不到的,称为隐马尔可夫链模型(HMM)。

在所提出的 HMM 失效过程模型中,信号的顺序 $S_1, S_2, \cdots$ 指的是系统的整体性能,如位移等。对于浮式平台,其可以是过度偏移、过度转动或运动状态未超过限制。失效单元定义的状态是潜在的马尔可夫链状态 $X_1, X_2, \cdots$。对于浮式平台,其可以是完整状态、单根系泊失效状态、多根系泊失效状态等,这一定义与第 5 章定义类似。

HMM 系统性能建模具体流程如下。

(1)数值模拟。此步骤旨在模拟并发灾害下的结构响应。对于浮式平台,可进行水动力数值模拟以获取不同状态下的响应数据。在运维期间,可采用响应监测数据进行系统的全生命周期韧性管理。

(2)构建状态转移概率矩阵(Transitional Probability Matrix, TPM)。状态转移概率矩阵

$$\mathbf{P}_{\mathrm{f}} = \begin{array}{c} \\ X_0 \\ X_1 \\ \vdots \\ X_{n-1} \\ X_n \end{array} \begin{array}{ccccc} X_0 & X_1 & \cdots & X_{n-1} & X_n \\ \begin{pmatrix} p_{00} & p_{01} & \cdots & p_{0n-1} & p_{0n} \\ 0 & p_{11} & \cdots & p_{1n-1} & p_{1n} \\ \vdots & \vdots & & \vdots & \vdots \\ 0 & 0 & \cdots & p_{n-1n-1} & p_{n-1n} \\ 0 & 0 & \cdots & 0 & 1 \end{pmatrix} \end{array} \tag{6-2}$$

式中：p_{ij} 为从状态 X_i 到状态 X_j 的转移概率，当 $i > j$ 时，$p_{ij} = 0$。由于 X_n 为不可恢复状态，$p_{nn} = 1$。对于不可恢复状态的定义可参照 5.2 节，包括失效系泊数量超过最大允许的失效量及平台倾覆等情况。

转移概率矩阵 $\mathbf{P}_{\mathrm{f}}$ 的具体构建步骤与 5.3.1 节类似，矩阵第一列为初始系泊失效的发生情况，假设其服从泊松过程，计算公式详见式（5-2）。

步骤（1）中数值模拟得到的张力响应数据可用于计算特定灾害情况下构件的失效概率，具体计算过程可参考 5.3.2 节通过概率分布模型拟合得到特定灾害 Hz 下的张力响应的 TR 分布模型，结合系泊极限张力 TL 的不确定性，计算所得的项可记为

$$p_{i,i+1} = P(TR \geq TL \mid Hz) \tag{6-3}$$

转移概率矩阵的主对角线上的项为

$$p_{ij} = 1 - \sum_{i \neq j} p_{ij} \tag{6-4}$$

其中，$i = j > 0$。

（3）构建信号发射概率矩阵

$$\mathbf{P}(S|X) = \begin{array}{c} \\ X_0 \\ X_1 \\ \vdots \\ X_n \end{array} \begin{array}{cccccc} S_0 & S_1 & \cdots & S_j & \cdots & S_k \\ \begin{pmatrix} p(s_0|X_0) & p(s_1|X_0) & \cdots & p(s_j|X_0) & \cdots & p(s_k|X_0) \\ p(s_0|X_1) & p(s_1|X_1) & \cdots & p(s_j|X_1) & \cdots & p(s_k|X_1) \\ \vdots & \vdots & & \vdots & & \vdots \\ p(s_0|X_n) & p(s_1|X_n) & \cdots & p(s_j|X_n) & \cdots & p(s_k|X_n) \end{pmatrix} \end{array} \tag{6-5}$$

其中，每行的总和 $\sum_{s \in S} p(s|X_j) = 1$；$S_1, S_2, \cdots$ 为按严重程度从轻到重排序的一系列失效模式；S_0 为指系统仅发生局部单元失效，而没有伴随其他失效模式；$p(s_j|X_i)$ 为系统处于单元失效状态 X_i，且伴有失效模式 s_j。请注意，当两种或多种失效模式同时发生时，则仅取较严重的失效模式的发生概率。

对于浮式平台来说，有两种典型的系统状态失效模式，即过度偏移和平台转角过大（图 3-2）。第一步的数值模拟得到的位移响应数据可用于计算相应失效模式发生的概率。对于过度偏移失效概率，具体计算过程可参考 3.2.2 节，所得概率为

$$p(s_1|X_i) = P(HO > HO_{\mathrm{fail}} \mid Hz) \tag{6-6}$$

式中：HO 为平台浮体结构的水中欧式距离；HO_{fail} 为最大允许偏离范围。

对于平台转角过大的失效概率，参考 3.2.3 节的计算过程可得到平台转角的概率分布函数，根据案例的具体情况（如业主要求、设计规范等）给定平台转角 A 的失效判据 RR_{fail}，可

计算得平台转角过大的失效概率

$$p(s_2|X_i) = P(RR > RR_{\text{fail}}|Hz) \tag{6-7}$$

（4）系统性能表现动态生成。设初始状态概率的向量 $\boldsymbol{p}_i = P\{X(0)=i\}, i \geqslant 0$。基于上述计算得到的 HMM 失效过程模型，可生成：

①随机状态序列 $X(t) = \{i,$ 当状态为 $X_i, i = 0,1,2,3,\cdots\}$；

②失效模式的随机序列 $S(t) = \{i,$ 当失效模式为 $S_i, i = 0,1,2,\cdots\}$。

综合二者可得到相应的失效状态随机序列。$X(t)$ 为失效构件的数量，是定义失效状态的主要因素。失效模式序列 $S(t)$ 则作为定义失效状态的补充因素：

$$DS(t) = X(t) + w \cdot S(t) \tag{6-8}$$

式中：w 为区分不同失效模式的系数，$w = \dfrac{k}{n}, k < 1$，其中 n 为失效模式的数量。既然 $S(t)$ 是补充因素，则其对失效状态的最大附加值 k 应小于 $X(t)$ 的最小区间 1。此值可由专家或业主根据自己的需求和经验确定。通过多次模拟生成，可得到考虑了不确定性的失效状态平均得分序列，其值越大，则系统性能表现越糟糕。

6.5　恢复过程动态模拟

系泊失效下的浮式平台主要有两种恢复过程：一种是修复失效单元，这是系泊系统的主要恢复措施；另一种是系统状态恢复措施，适用于在局部失效后，系统性能下降但没有发生其他单元连续失效的情况，这个过程的能力是关于恢复的自组织能力。6.5.1 节和 6.5.2 节构建了失效单位维修的恢复过程模型，6.5.3 节构建了系统状态恢复措施的恢复模型。最后在 6.5.4 节进行恢复过程性能曲线动态模拟。

6.5.1　不考虑连续灾害影响的马尔可夫恢复模型

本书第 5 章 5.4.1 节提出的基于连续时间马尔可夫链的恢复模型，一般适用于恢复时间分布模型未知的工程项目，假设其恢复时间符合指数分布，然而，这种假设在实践中并不一定成立。因此，在此基础上，本节又提出了另一种适用于已知恢复时间分布的工程项目的恢复过程模型。

第 4 章的研究表明，不同损伤级别的浮式平台系泊系统的恢复时间服从高斯混合模型（GMM）或正态分布模型。GMM 模型适用于可能备有足够备件的轻微损伤级别，系泊失效后可以无须等待备件立即开展修复。这里假设系统是否有可用备件是确定性的，则恢复时间均服从正态分布。将系统从损伤状态 X_k 转移到完好状态 X_0 的恢复时间记为 T_k，其概率分布为

$$T_k \sim N(\mu_k, \sigma_k^2) \tag{6-9}$$

式中：μ_k、σ_k 分别为对应的恢复时间概率分布模型的平均值和标准差。

此处仅考虑可恢复状态，忽略不可恢复状态 X_n。恢复过程的转移概率矩阵

$$\boldsymbol{P}_{\mathrm{R}}(t) = \begin{array}{c} \\ X_0 \\ X_1 \\ X_2 \\ \vdots \\ X_{n-1} \end{array} \begin{array}{ccccc} X_0 & X_1 & X_2 & \cdots & X_{n-1} \\ \left(\begin{array}{ccccc} 1 & 0 & 0 & \cdots & 0 \\ P_{\mathrm{r}(1,0)}(t) & P_{\mathrm{r}(1,1)}(t) & 0 & \cdots & 0 \\ P_{\mathrm{r}(2,0)}(t) & P_{\mathrm{r}(2,1)}(t) & P_{\mathrm{r}(2,2)}(t) & \cdots & 0 \\ \vdots & \vdots & \vdots & & \vdots \\ P_{\mathrm{r}(n-1,0)}(t) & P_{\mathrm{r}(n-1,1)}(t) & P_{\mathrm{r}(n-1,2)}(t) & \cdots & P_{\mathrm{r}(n-1,n-1)}(t) \end{array} \right) \end{array} \tag{6-10}$$

矩阵的第一列是系统从失效状态 $X_k(k=1,2,3,\cdots,n-1)$ 恢复到完好状态 X_0 的概率,记为

$$P_{\mathrm{r}(k,0)}(t) = F_{T_k}(t) = \int_{-\infty}^{t} f_{T_k}(t)\mathrm{d}T_k \tag{6-11}$$

矩阵主对角线上第 k 行的项为

$$P_{\mathrm{r}(k,k)}(t) = 1 - P_{\mathrm{r}(k,0)}(t) \tag{6-12}$$

矩阵第 k 行的其余项记为零。假设同时调用维修资源,同时进行所有失效系泊的修复作业,即不存在多次调度维修资源逐根修复系泊的情况。此时,状态转移只有从失效状态 $X_k(k=1,2,3,\cdots,n-1)$ 转移到完好状态 X_0,而不存在从 X_k 先转移到中间失效状态,再转移到 X_0 的情况。

6.5.2　考虑连续灾害影响的马尔可夫恢复模型

令两个连续灾害之间的间隔为 T^c。一旦 T^c 的时长大于状态 X_k 的转移时间 T_k,则假定前一个灾害对当前灾害不产生影响。当前灾害 Hz_i 可能发生在系统从前一个灾害恢复过程中的不同时刻,可能是几乎未恢复的时候($T^c = 0$)、部分恢复的时候($0 < T^c < T_k$)或完全恢复之后($T^c \geqslant T_k$)。下面讨论恢复时间为指数分布和其他分布的两种恢复模型在考虑连续灾害影响的情况。

1. 假设恢复时间为指数分布

前一次灾害 Hz_{i-1} 发生后,系统处于损伤状态 $X_k(k=1,2,\cdots,n-1)$ (注: X_n 为不可恢复状态,故在恢复过程中不予以考虑)。此时发生当前灾害 Hz_i 后,系统处于损伤状态 $X_i(i=1,2,\cdots,n-1)$。假设系统从前一次灾害 Hz_{i-1} 中的恢复作业可全部运用于当前灾害 Hz_i 的恢复过程,但当前灾害的恢复时间可缩短的最长时间为最轻微损伤状态的恢复时间 T_1。考虑连续灾害影响的速率矩阵可表示为

$$\boldsymbol{Q}'_{\mathrm{R}} = \begin{array}{c} \\ X_0 \\ X_1 \\ X_2 \\ \vdots \\ X_{n-1} \end{array} \begin{array}{ccccc} X_0 & X_1 & X_2 & \cdots & X_{n-1} \\ \left(\begin{array}{ccccc} 0 & 0 & 0 & \cdots & 0 \\ \lambda'_1 & -\lambda'_1 & 0 & \cdots & \vdots \\ 0 & \lambda'_2 & -\lambda'_2 & \cdots & 0 \\ \vdots & \vdots & \vdots & & 0 \\ 0 & \cdots & 0 & \lambda'_{n-1} & -\lambda'_{n-1} \end{array} \right) \end{array} \tag{6-13}$$

当 $i \neq k$ 时, $\lambda'_i = \lambda_i = \dfrac{1}{T_i}$。

当 $i = k$ 时, $\lambda'_i = \dfrac{1}{T'_k}$, $T'_k = T_k - \min(T^c, T_1)$。

考虑连续灾害的恢复过程示意如图 6-3 所示。当前灾害发生时,认为前一次灾害的恢复过程终止。结构损伤程度应通过当前灾害的恢复过程的损伤诊断来确定。前一次恢复过程完成的工作只影响当前灾害的恢复速率,系统的当前状态由当前灾害 Hz_i 确定,如果当前灾害不引起结构的连续失效,系统状态将返回到前一次灾害后的原始状态,如图 6-3(a)所示。

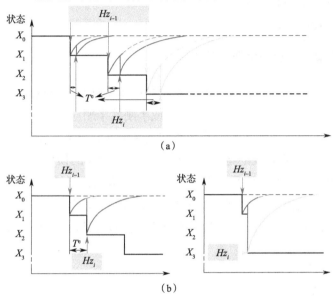

图 6-3　考虑连续灾害的恢复过程示意

(a)当前灾害 Hz_i 不引起连续失续　(b)当前灾害 Hz_i 引起连续失续

2. 假设恢复时间为其他分布

指数分布是无记忆的,当假设恢复时间服从其他分布时,可分析前一次灾害的恢复进度对当前灾害恢复过程的具体影响。当前灾害的恢复进度可能会延迟、提前或不受前一次恢复过程的影响。具体影响情况需要结合具体问题具体分析,影响因素主要是前一次恢复进度以及每个恢复任务的特点。

以第 4 章系泊维修作业的表 4-3 为例,此处提出了一种考虑前一次恢复过程的简化方法。当前一次灾害 Hz_{i-1} 发生后,系统处于损伤状态 $X_k(k=1,2,\cdots,n-1)$。实际工程实践是复杂的,若当前灾害导致了更严重的连续失效,需要调用更多维修资源,则需重新安排部署,这涉及厂商的生产力及其他商业因素,故前一次的恢复进程可能会缩短或不影响当前灾害的恢复过程的维修资源调度时间。此外,根据当前灾害或损伤程度,可能需要采取行动先恢复前一次的恢复进度,如将工程船开回安全地带等待灾害结束等行动。为了简化复杂实际问题,假设前一次灾害已完成的恢复进程仅影响从状态 X_k 恢复的时间,但不影响从更严重的状态中恢复的时间。

基于第 4 章的研究表明,最耗时的任务是 R4"采购维修材料",平均占整个恢复过程的

57%。故做如下假设：如果前一次恢复进度已达到 R4，恢复时间将会缩短；否则，假设先前的恢复进程对当前的恢复进度没有影响。故考虑连续灾害影响下的当前灾害恢复时间概率分布从式（6-9）改为

$$
\begin{cases}
T_k' \sim N(\mu_k, \sigma_k^2) & 当 T^e \leqslant t_{R0 \sim R3} \\
T_k' \sim N(\mu_k - T_c, \sigma_k^2) & 当 T^e > t_{R0 \sim R3}
\end{cases}
\tag{6-14}
$$

其中，缩短的时长 T_c 最长为任务 R4 的工期 t_{R4}，故 T_c 为

$$
T_c = \min(t_{R4}, T^e - t_{R0 \sim R3})
\tag{6-15}
$$

式中：$t_{R0 \sim R0}$ 为任务 R0 至 R3 的工期。

6.5.3　系统状态恢复措施的数学模型

系泊系统的第二种恢复过程是采取一些干预措施来恢复系统的正常运动状态，以提高系统稳定性。由于浮式平台多为顺应式结构（或半刚性半顺应性的张力腿平台），当系泊系统完好时，无须人为干预，系统运动状态也可快速恢复正常状态。但局部系泊失效下，平台的过度偏移和转动会降低系统的运行可靠性。当需要较长的损伤诊断和维修资源调度时间，无法立即执行修复活动时，灾后立即采取干预过渡措施，同时等待修复准备，这可以加快系统的运动状态恢复过程，提高系统的可靠性。对于浮式系统，此类干预措施包括压载水系统调整、动力定位控制系统、系泊系统收紧或放松等。假设其速率矩阵如下：

$$
\boldsymbol{Q}_s = \begin{array}{c} \\ S_0 \\ S_1 \\ \vdots \\ S_n \end{array}
\begin{array}{c} \begin{array}{cccc} S_0 & S_1 & \cdots & S_n \end{array} \\
\begin{pmatrix}
0 & 0 & \cdots & 0 \\
\lambda_1 & -\lambda_1 & \cdots & 0 \\
\vdots & \vdots & & 0 \\
\lambda_n & 0 & \cdots & -\lambda_n
\end{pmatrix}
\end{array}
\tag{6-16}
$$

式中：$S_0, S_1, \cdots, S_n$ 为伴有不同失效模式的系泊失效状态，定义与式（6-5）一致；$\lambda_1, \cdots, \lambda_n$ 为干预速率。

6.5.4　恢复过程性能曲线动态模拟

基于恢复过程模型，可动态模拟恢复过程性能曲线。前一次灾害 Hz_{i-1} 发生后，系统处于损伤状态 $X_k, k = 1, 2, \cdots, n-1$。初始恢复状态列向量 $P(0)$ 可表示为

$$
p_i(0) = \begin{cases} 1 & 当 i = k, \\ 0 & 当 i \neq k, \end{cases} \quad i = 0, 1, \cdots, n
$$

状态向量序列可由恢复过程的转移概率矩阵 $P_R(t)$ 和 $P(0)$ 相乘得到：

$$
P(t) = P_R(t) \times P(0)
\tag{6-17}
$$

根据状态 $X_k (k = 1, 2, \cdots, n-1)$ 的严重程度为其赋值 v_k，即可得恢复性能曲线：

$$
RP(t) = P(t) \times V
\tag{6-18}
$$

式中：V 为状态严重度的向量，$V = (0, v_1, v_2, \cdots, v_n)$。$RP(t)$ 值越大，系统性能越差。

6.6　灾后不同阶段的韧性评估指标

图 6-4 为系统在灾害场下的系统性能变化曲线示意。左侧曲线是从 6.4 节中获得的失效过程的损伤状态曲线 $DS(t)$。右侧曲线是 6.5.4 节中获得的恢复性能曲线 $RP(t)$。基于系统性能曲线,本节提出了 2 个指标量化系统韧性性能。完好状态下的系统性能为 0,随系统性能恶化, $DS(t)$ 和 $RP(t)$ 的值逐渐增大。为显示下降趋势,图中将 y 轴正方向设置为向下。

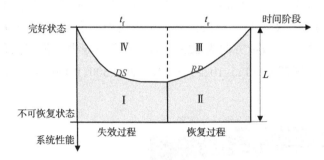

图 6-4　灾害下系统性能变化全过程

1. 失效过程系统韧性指标

在失效过程中,系统韧性指标量化为过程中剩余系统性能的比例大小,即

$$\mathcal{R}_f = \frac{A_{\mathrm{I}}}{A_{\mathrm{I}} + A_{\mathrm{IV}}} = 1 - \frac{\int_0^{t_f} DS(t)\mathrm{d}t}{L \times t_f} \tag{6-19}$$

式中: $A_i(i = \mathrm{I}, \mathrm{II}, \mathrm{III}, \mathrm{IV})$ 分别为图 6-4 子部分 I,II,III,IV 的面积; L 为完好状态和不可恢复状态之间的间隔; t_f 为失效模拟时长; A_{I} 为失效过程中剩余的系统性能,是防止系统进入不可恢复状态的能力;积分表示 $DS(t)$ 曲线与不可恢复状态水平线之间的面积。该值越大,失效过程中的系统韧性就越大。

2. 恢复过程系统韧性指标

在恢复过程中,系统韧性指标量化为可恢复的系统性能的比例大小,即

$$\mathcal{R}_r = \frac{A_{\mathrm{II}}}{A_{\mathrm{II}} + A_{\mathrm{III}}} = 1 - \frac{\int_{t_f}^{t_f + t_r} RP(t)\mathrm{d}t}{L \times t_r} \tag{6-20}$$

式中: A_{II} 为可恢复的系统性能,即不可恢复状态水平线与 $RP(t)$ 曲线之间的面积; t_r 为恢复时间。该值越大表明系统在恢复过程中的韧性越大。

3. 全过程系统韧性指标

全过程系统韧性指标 $\mathcal{R}$ 结合了可恢复系统在失效过程和恢复过程的韧性。该值越大表明全过程的系统韧性就越大。

$$\mathcal{R} = \frac{A_{\mathrm{I}} + A_{\mathrm{II}}}{A_{\mathrm{I}} + A_{\mathrm{II}} + A_{\mathrm{III}} + A_{\mathrm{IV}}} = 1 - \frac{\int_0^{t_f} DS(t)\mathrm{d}t + \int_{t_f}^{t_f + t_r} RP(t)\mathrm{d}t}{L \times (t_f + t_r)} \tag{6-21}$$

6.7　应用案例分析

6.7.1　研究对象

本应用案例的研究对象是位于中国南海海域的某新型半潜式生产系统,该系统由半潜式生产平台、系泊系统和水下生产系统组成,如图 6-5 所示,具体结构参数见表 6-2,系泊属性见表 6-3。假设水深为 1 422.8 m。本案例研究中,在 ANSYS 中建立水动力模型获取响应数据,所建水动力模型如图 6-6 所示,系泊布置也展示在图中,以逆时针方向从 M1 到 M16 编号。通过与参考文献 [185] 对比,验证了该模型的准确性,垂荡方向 RAO 如图 6-7 所示。假设风浪流共线且载荷方向为 225°(标注于图 6-6 中),海况条件选用中国南海海域热带气旋下不同重现期——1、5、10、25、50、100、200、500、1 000 年一遇的风浪流数据。

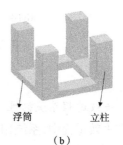

（a）　　　　　　　　　　　　　　　　　（b）

图 6-5　半潜式生产平台系统总体布局

（a）总体布置　（b）上部浮体

表 6-2　研究对象的几何参数

参数	数值	单位
吃水	37.0	m
平台宽度	91.5	m
立柱中心距	70.5	m
立柱宽度	21.0	m
立柱高度	59.0	m
浮箱宽度	21.0	m
浮箱高度	9.0	m
浮箱长度	49.5	m
排水量	105 000	t

表 6-3　系泊线的构成和特性

系泊线类型	顶链（R4S）	聚酯缆	底链（R4S）
直径（mm）	157.0	256	157.0

系泊线类型	顶链（R4S）	聚酯缆	底链（R4S）
破断强度（kN）	23 559	21 437	23 559
弹性模量 EA（MN）	1 960	上界：535.925	1 960
		下界：171.496	
干重（kg/m）	493.0	45.1	493.0
湿重（kg/m）	428.6	11.3	428.6
长度（m）	131	1950	259

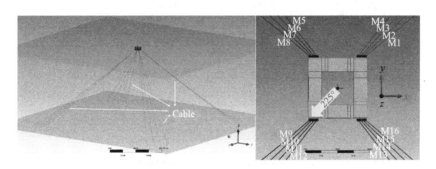

图 6-6　半潜式生产平台水动力模型

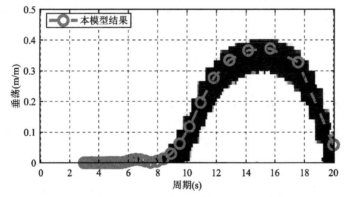

图 6-7　浪向 -180° 下垂荡方向的响应 [①]

6.7.2　失效模式发生概率计算

在失效过程中,假设系泊连续失效顺序为: M3 → M2 → M1 → M4。这 4 根系泊位于同一立柱下,下一根失效的系泊为此前系泊失效时承受最大拉力的系泊缆。由于篇幅所限,本节以系泊 M4 为例,给出了千年一遇海况下,系泊完好及不同系泊失效情况的系泊张力响应情况,如图 6-8 所示。经过水动力模拟和数据处理进行各失效模式的可靠性分析,可得图 6-9 所示的不同海况下系统在不同失效状态时,各失效模式的发生概率。

---

①　背景的点参考文献 [185]。

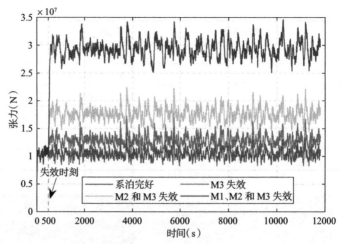

图 6-8　千年一遇海况下系统处于不同状态时 M4 的张力响应

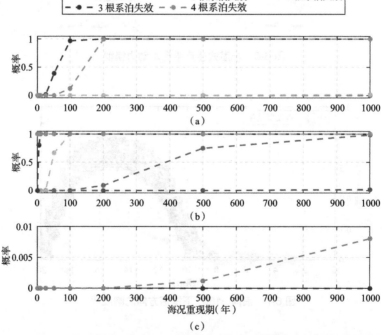

图 6-9　不同海况下系统在不同失效状态时各失效模式的发生概率
(a)系泊失效概率　(b)过度偏移概率　(c)平台转角过大概率

　　除发生 3 根或 4 根系泊失效的情况外,系统处于其他失效状态时发生系泊失效的概率均为 0。系统在 3 根系泊失效时比 4 根系泊失效时更容易发生连续失效,因为在前者的状态下,1 根立柱下仅存的 1 根系泊难以承受载荷,容易发生失效。为了模拟初始系泊失效的发生,对泊松过程的失效率的经验参数 v 做了以下假设:对于系泊完整的系统,v 假设为每根缆每年的失效概率为 0.01,对于单根系泊失效的系统,v 假设为每根缆每年的失效概率为 0.002 5。

过度偏移的标准假定为水深的 8%。对于系泊完整的系统,几乎不可能因水平偏移过大而发生失效。而其他失效状态下,随着海况变得越来越剧烈,过度偏移的概率也在增加。

根据规范,假定平台最大允许倾斜角度为 17°,只有 4 根系泊同时失效的系统可能会发生平台转角过大的失效模式,在 500 年一遇的海况下发生概率约为 0.12%,在 1 000 年一遇海况下发生的概率约为 0.81%。

6.7.3　基于隐马尔可夫链模型的失效过程动态模拟结果

将上述结果用于构建 HMM 失效模型的转移概率矩阵和信号发射概率矩阵。经 100 000 次采样并取平均值后,失效状态序列曲线如图 6-10 所示。本案例中,假设式中的区分不同失效模式的系数 w 为 0.3。不同失效状态值的描述见表 6-4。每个时间步长为 3 h,失效过程所模拟的时间步最大为 1 440,相当于 180 d,大约为 6 个月,所模拟的时长足够进行常规的系泊失效事故分析。

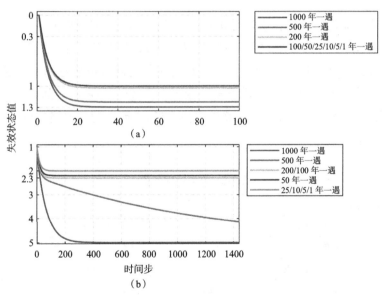

图 6-10　随着时间步长变化的失效状态序列

(a)系泊完好　(b)单根系泊失效

表 6-4　失效状态值的具体描述

失效状态值	具体描述
i	i 根系泊失效的系统
$i+0.3$	i 根系泊失效的系统,并伴随过度偏移的失效模式
$i+0.6$	i 根系泊失效的系统,并伴随平台转角过大的失效模式 或 i 根系泊失效的系统,并伴随平台转角过大及过度偏移的失效模式

对于系泊完整的系统,失效状态曲线逐渐下降并最终保持稳定,如图 6-10(a)所示。当

面临最恶劣的 1 000 年一遇的环境时,曲线稳定在 1.3,这表明此时系统最严重的状态为发生单根系泊失效,并发生过大偏移。当面临 500 年一遇的海况时,曲线稳定在 1.22,位于 1 和 1.3 之间,表明此时系统稳定在单根系泊失效的状态,并有较大概率发生过度偏移。而面临 200 年一遇的海况时,曲线下降并稳定在 1.03,表明此时系统稳定在单根系泊失效的状态,但发生过大偏移的概率极小。100/50/25/10/5/1 年一遇的海况下的曲线最终则稳定在 1.00,表明此时系统稳定在单根系泊失效的状态,但几乎不可能发生过度偏移。以上结果也证明了,该系统满足鲁棒设计规范,即移除 1 根系泊的系统应保证具有安全生产能力。

对于单根系泊失效的系统,失效状态曲线如图 6-10(b)所示。当面临恶劣环境时(如 500 年一遇和 1 000 年一遇海况),单根系泊失效下,平台很可能发生连续系泊失效,甚至进入不可恢复的极端危险状态。对于低于 200 年一遇的海况强度,最严重的后果为 2 根系泊失效,并伴有过大水平偏移。

6.7.4 维修失效单元的恢复过程模拟

基于第 4 章对系泊维修项目恢复时间的研究,估计本案例研究中的恢复模型参数,列在表 6-5 中。$T_i(i=1,2,3,4)$ 为修复 i 根系泊的工期。在 6.5 节中有两种恢复模型,分别为基于指数分布(记为 RM1)或正态分布(记为 RM2)的恢复时间假设构建的。假定两个恢复模型具有相同的平均恢复时间。t_{R4} 为任务 R4"购买维修材料"所需的时间。根据行业监管要求,平台需要保证备有一套立即可用的系泊更换部件,本研究对象严格执行该规定。因此,修复一根失效系泊时,t_{R4} 为 0。

表 6-5 恢复过程参数

工期		T_1	T_2	T_3	T_4
RM1	修复时间分布假设	指数分布			
	均值(d)	10.9	25.4	39.2	66.1
RM2	修复时间分布假设	正态分布			
	均值 μ(d)	10.9	25.4	39.2	66.1
	标准差 σ	2.14	3.10	3.0	5.0
	t_{R4}(d)	0	13.8	24.6	45.8

对于具有 5 种不同状态(即完好状态、单根系泊失效状态、两根系泊失效状态、三根系泊失效状态和四根系泊失效状态)和 1 个不可恢复状态的系统,维修失效单元的恢复矩阵为

$$\boldsymbol{P}_R(t) = \begin{pmatrix} 1 & 0 & 0 & 0 & 0 \\ P_{r(1,0)}(t) & P_{r(1,1)}(t) & 0 & 0 & 0 \\ P_{r(2,0)}(t) & P_{r(2,1)}(t) & P_{r(2,2)}(t) & 0 & 0 \\ P_{r(3,0)}(t) & P_{r(3,1)}(t) & P_{r(3,2)}(t) & P_{r(3,3)}(t) & 0 \\ P_{r(4,0)}(t) & P_{r(4,1)}(t) & P_{r(4,2)}(t) & P_{r(4,3)}(t) & P_{r(4,4)}(t) \end{pmatrix} \qquad (6-22)$$

当假设恢复时间为指数分布(RM1)时,公式详见附录 B。当假设恢复时间为正态分布

（RM2）时,公式为

$$
\boldsymbol{P}_{\mathrm{R}}(t)=\begin{pmatrix}
1 & 0 & 0 & 0 & 0 \\
F_{T_1}(t) & 1-F_{T_1}(t) & 0 & 0 & 0 \\
F_{T_2}(t) & 0 & 1-F_{T_2}(t) & 0 & 0 \\
F_{T_3}(t) & 0 & 0 & 1-F_{T_3}(t) & 0 \\
F_{T_4}(t) & 0 & 0 & 0 & 1-F_{T_4}(t)
\end{pmatrix}
\tag{6-23}
$$

两种恢复模型的对比如图 6-11 所示。注意图中纵坐标正方向向下,较高的位置表示较小的值,表明系统处于更有可能恢复到完整状态的情况。与 RM2 相比,RM1 前期上涨较高,表明 RM1 有更好的初始恢复表现。随着步长增加,RM1 性能往往逐渐低于 RM2。RM2 的曲线前端保持水平,随着恢复时间均值增加,这个阶段会持续更长的时间,故 RM2更适用于模拟实际工程,尤其是对于恢复时间较长的工程,此时恢复初期恢复性能变化的可能性较小。

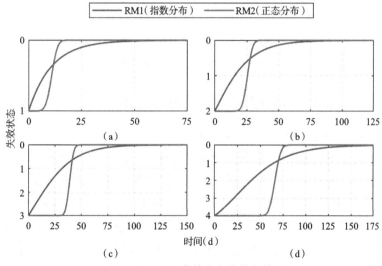

图 6-11　不同失效状态的恢复模型

（a）单根系泊失效　（b）两根系泊失效　（c）三根系泊失效　（d）四根系泊失效

6.7.5　系统状态恢复过程模拟

本节以压载水系统调节为例说明系统整体性能恢复措施的效果。规范 DNV OS-D101要求:在 3 h 内,压载水系统能够将处于完好状态的装置从最大正常运行吃水状态调整为适合严峻风暴条件下生存的吃水状态。转移概率矩阵如下:

$$
\boldsymbol{P}=\begin{array}{c} \\ S_0 \\ S_1 \\ S_2 \end{array}\begin{array}{ccc} S_0 & S_1 & S_2 \end{array}\begin{pmatrix}
1 & 0 & 0 \\
1-\mathrm{e}^{-\lambda_1 t} & \mathrm{e}^{-\lambda_1 t} & 0 \\
1-\mathrm{e}^{-\lambda_2 t} & 0 & \mathrm{e}^{-\lambda_2 t}
\end{pmatrix}
\tag{6-24}
$$

式中:S_0、S_1 和 S_2 分别为系泊失效原始状态、系泊失效并伴有过度偏移的状态以及系泊失效并伴有过大平台转角的状态；λ_1、λ_2 为对应的状态转移速率，本节假设其为 1/3 h^{-1}。

考虑人为干预的恢复过程如图 6-12 所示，红线（蓝线）分别表示执行（未执行）系统整体性能恢复措施的恢复模型。维修失效单元和系统整体性能恢复行为是同时进行的。当系统状态恢复措施完成时，将系统状态恢复行为的曲线连接到维修失效单元的恢复曲线上。因此，当维修失效单元的恢复过程基于指数分布时，会出现一段垂直的线段，如图 6-12（a）所示。而基于正态分布假设的图 6-12（b），其连接是平滑平顺的。

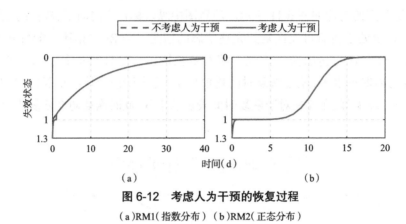

图 6-12　考虑人为干预的恢复过程

（a）RM1（指数分布）（b）RM2（正态分布）

6.7.6　单一灾害与多灾害下的恢复过程模拟对比分析

结合失效过程和恢复过程的结果，模拟单一灾害与多灾害下的系统性能，进行对比分析。当前灾害下的系统状态由 6.7.3 节的模拟结果确定，本节不考虑采用人为干预操作来恢复系统运动状态。同时也对比了多灾害下两种恢复模型的模拟情况，包括假设恢复时间服从指数分布的 RM1 和假设恢复时间服从正态分布的 RM2。根据第 4 章的案例结果，假设恢复任务 R4 "采购修复材料"开始于修复进度的 20%，当前一次恢复进程完成量大于整个恢复进度的 20% 时，前一次恢复过程将缩短第二次恢复过程所需的时间。任务 R4 所需时间见表 6-5。

单一灾害与多灾害下的恢复过程模拟结果如图 6-13 至图 6-18 所示，图中蓝色实线为两个连续灾害作用下的恢复模型，第二次灾害来袭时，曲线陡降，前一次恢复进程终止并开始当前灾害的恢复进程。红色虚线为若不发生第二次灾害，系统从前一次灾害恢复的过程。黄色虚线则是若无前一次恢复过程，仅发生当前灾害的恢复模型。下面分节讨论前一次灾害后系统处于单根/两根/三根系泊失效状态时的单一灾害与多灾害下的恢复过程对比情况。

1. 前一次灾害令系统处于单根系泊失效状态

当前一次灾害令系统处于单根系泊失效状态时，基于 RM1 和 RM2 的恢复过程分别如图 6-13 和图 6-14 所示。当连续的两个灾害之间的间隔 T^e 很短（图 6-13（a））或环境平缓（图 6-13（b））时，不会出现连续系泊失效的情况。当两个连续灾害之间的间隔 T^e 相对较长时，如图 6-13（b）中的 4 d，由于恢复资源已在前一次灾害的恢复过程中调度完成或部分完成，降低了第二次恢复过程的不确定性，故第二次灾害的恢复进程将被加速。但因为假定灾害作用为瞬时行为,未考虑灾害的作用时间对恢复过程的延迟作用,所以可能出现如图 6-13(b)所示的情况:在恢复过程的后期,多灾害作用下的 RM1 优于前一灾害单独作用下的 RM1。

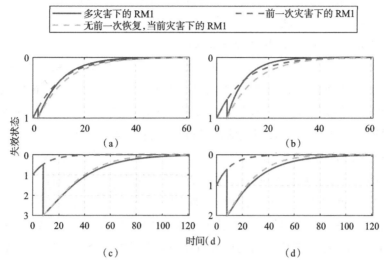

图 6-13　当前一次灾害后系统处于单根系泊失效状态时单一灾害和多灾害下 RM1 对比图

(a)T^c=2,海况为 1 000 年一遇　(b)T^c=4,海况为 25 年一遇　(c)T^c=8,海况为 1 000 年一遇　(d)T^c=8,海况为 500 年一遇

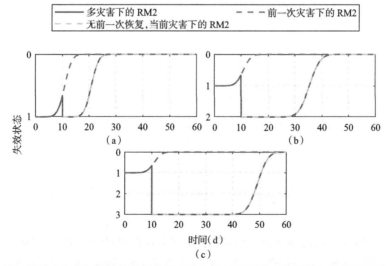

图 6-14　当前一次灾害后系统处于单根系泊失效状态时单一灾害和多灾害下 RM2 对比图

(a)T^c=10,海况为 25 年一遇　(b)T^c=10,海况为 100 年一遇　(c)T^c=10,海况为 1 000 年一遇

如图 6-13(c)和(d)所示,当 T^c 时间较长或遭遇恶劣海况时,会发生连续系泊失效,此时当前灾害的恢复过程会因前一次灾害而延迟。造成这种情况有以下几个原因:①若发生比前一次灾害后更严重的失效状态,应重新安排恢复过程;②可能需要先取消先前灾害已完成的恢复进程的行动,如取消维修资源采购单并下达新订单,先行遣散安装工程船以及时避

灾,免受结构连续失效的波及等。

对于 RM2,由于修复单根系泊所需采购更换备件的时间 t_{R4} 为 0,故前一次的恢复行为不会影响当前灾害的恢复情况。造成 RM2 结果差异的主要原因是当前灾害的严重程度以及造成的事故后果:系统可能不发生连续失效而仅有单根系泊失效(图 6-14(a))、发生两根系泊失效(图 6-14(b))和三根系泊失效(图 6-14(c))。

2. 前一次灾害令系统处于两根系泊失效状态

当前一次灾害后,系统处于两根系泊失效状态时,基于 RM1 和 RM2 的恢复过程分别如图 6-15 和图 6-16 所示。当海况恶劣时,如图 6-15(a)、图 6-15(c)、图 6-16(c)和图 6-16(d)所示,可能发生连续失效。在海况平和的时候,无论两次灾害发生时间间隔 T^e 长短,都不会发生连续失效。此时 T^e 主要与当前恢复过程是否受前一次恢复过程影响有关。对于 RM1 的模拟情况,当间隔时间较短 $T^e = 8$ 时(图 6-15(b)),当前恢复过程将提速。当 $T^e = 30$(图 6-15(d)),长于预期的两根系泊的维修时间 $T_2 = 25.4$ 时,前一次恢复进程对当前恢复则没有影响,此时平台处于 3 种状态(即完好、单根系泊失效、两根系泊失效)的预期概率为(0.684,0.189,0.126),有较大概率已完成前一恢复进程。对于 RM2 的模拟情况,T^e 较短时(图 6-16(a)),可以加快当前的恢复进度,但当 T^e 大于修复两根系泊所需的平均工期时(图 6-16(b)),当前的恢复过程则不受前一次灾害的影响。

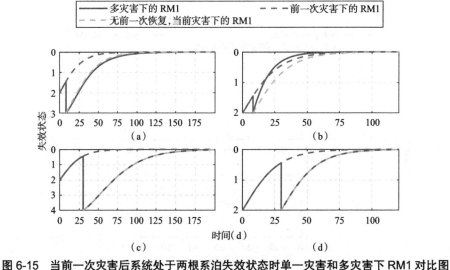

图 6-15　当前一次灾害后系统处于两根系泊失效状态时单一灾害和多灾害下 RM1 对比图

(a)$T^e = 8$,海况为 1 000 年一遇　(b)$T^e = 8$,海况为 25 年一遇　(c)$T^e = 30$,海况为 1 000 年一遇　(d)$T^e = 30$,海况为 25 年一遇

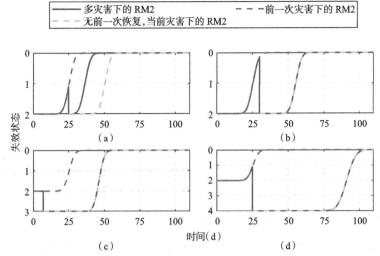

图 6-16　当前一次灾害后系统处于两根系泊失效状态时单一灾害和多灾害下 RM2 对比图

（a）$T^c=25$,海况为 25 年一遇　（b）$T^c=30$,海况为 25 年一遇　（c）$T^c=7$,海况为 1 000 年一遇　（d）$T^c=25$,海况为 1 000 年一遇

3. 前一次灾害令系统处于三根系泊失效状态

当前一次灾害后系统处于三根系泊失效状态时,基于 RM1 和 RM2 的恢复过程分别如图 6-17 和图 6-18 所示。三根系泊失效的状态是危险的,在下次灾害来临时,系统几乎不可能不发生连续失效。尤其是当处于剧烈的海况时,系统很可能进入不可恢复状态,如图 6-17（a）和图 6-18（a）所示。当海况温和时,系统会发生连续失效,但系统仍处于可恢复状态,如图 6-17（b）和图 6-18（b）所示。由于恢复模型 RM2 假设当系统发生连续失效时,先前恢复状态对当前恢复过程不产生影响,因此,如图 6-18（b）的蓝线和黄线是重合的。

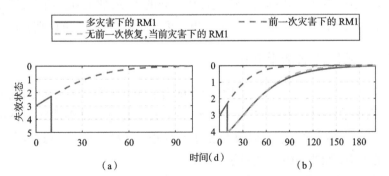

图 6-17　当前一次灾害后系统处于三根系泊失效状态时,单一灾害和多灾害下 RM1 对比图

（a）$T^c=10$,海况为 1 000 年一遇　（b）$T^c=10$,海况为 25 年一遇

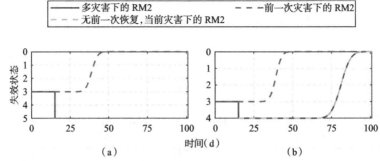

图 6-18　当前一次灾害后系统处于三根系泊失效状态时单一灾害和多灾害下 RM2 对比图

（a）$T^c=15$，海况为 100 年一遇　（b）$T^c=15$，海况为 25 年一遇

4. 单一灾害与多灾害下两种恢复模型模拟小结

综上所述，在模拟多灾害下的恢复过程时，两种恢复模型表现出不同的特点。

（1）当未发生连续失效，且 T^c 比前一次灾害造成后果的所需平均修复时间短时，当前恢复过程会加速。

（2）当 T^c 长于前一个灾害恢复所需的平均时间时，表明前一个恢复过程很可能在第二个灾害来临之前已完成，故当前恢复过程不受前一次灾害的影响。对于基于正态分布假设的 RM2，如果有足够可用备件不需要购买维修资源时，当前恢复进程不受前一次恢复过程的影响。与基于指数分布假设的 RM1 相比，RM2 的优点在于可以考虑每个子任务的特征。

（3）当发生连续失效，且 T^c 比前一次灾害后果所需的平均修复时间短时，由于需要重新安排更严重状态的维修行动，取消前一次恢复进程等原因，基于 RM1 模拟的恢复过程会被推迟。而因为 RM2 的简化假设——前一次的恢复过程不影响当前从更严重状态中恢复的过程，并且忽略了维修不同失效单元的恢复过程之间的关系，故 RM2 不能反映前一次恢复过程对从更严重后果中恢复的影响，但如果有更多可用维修数据，是可以克服这一缺陷的。

6.7.7　多灾害下韧性评估结果分析

为了评估灾害作用全过程的系统韧性，计算得到不同重现期的多灾害下的性能曲线，如图 6-19 所示。当海况相对温和时（25/10/5/1 年一遇），恢复过程性能曲线最终可恢复到完好状态的水平。但当海况过于恶劣以致系统进入不可恢复状态时，恢复过程曲线则不会上升到完好状态的水平，如图 6-19 蓝线所示。

根据以上性能曲线，运用 6.6 节所述的韧性指标计算方法得到指标值，部分结果如图 6-20 至图 6-22 所示。由于两种恢复模型的韧性指标值呈现类似的趋势，因此图中只列了基于指数分布的恢复模型的计算结果。

如图 6-20 所示，随着失效状态变得严峻，韧性指标值逐渐下降。全过程韧性指标与恢复过程韧性指标非常接近，这是因为恢复过程远远长于失效过程，故其在全过程中所占的比例更大。此外，三根系泊失效和四根系泊失效下的系统得分远低于其他状态，应特别注意。

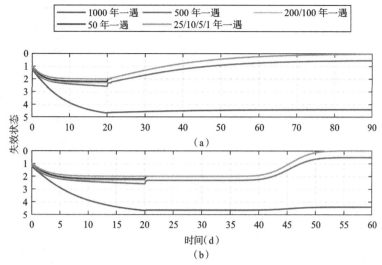

图 6-19　灾害发生全过程模拟情况

（a）RM1（指数分布）（b）RM2（正态分布）

（当前一次灾害发生后系统处于单根系泊失效状态，$T^c = 20$ 天时）

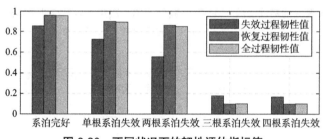

图 6-20　不同状况下的韧性评估指标值

（当前灾害为 100 年一遇海况，且 T^c 为 2 d）

　　图 6-21 为不同海况下的韧性指标值随 T^c 的变化趋势，此处主要以单根系泊失效的情况为例展开说明。除 1 000 年一遇海况以外，其余海况下失效过程的韧性值均随 T^c 增大而缓慢下降。在 1 000 年一遇海况下，失效过程韧性值的下降趋势远快于其他海况，是相当危险的情况。恢复过程韧性和全过程韧性整体是呈下降趋势的，但当 $T^c = 11$ d 时，曲线小幅上升。这是因为此时 T^c 刚大于修复单根系泊所需的平均工期 $T_1 = 10.9$ d，前一次灾害的恢复过程对当前恢复过程没有影响，不会延迟当前的恢复过程。此外，1 000 年一遇海况下的恢复韧性急剧下降，甚至接近 0，表明系统大概率会进入不可恢复状态。

　　图 6-22 展示了不同失效状态下的韧性指标值随海况的变化情况。假设 T^c 为 2 d。随着海况变剧烈，单根系泊失效及完好状态时的韧性指标都几乎保持稳定，只在面临 1 000 年一遇和 500 年一遇海况时，曲线略有下降。两根系泊失效的系统，韧性指标曲线在 1 000 年一遇海况之前都保持相对稳定。25 年一遇海况下，三根系泊失效状态的韧性指标曲线逐渐下降，并与四根系泊失效状态的韧性指标曲线逐渐汇合，二者在恶劣的海况下的韧性表现都相对差。

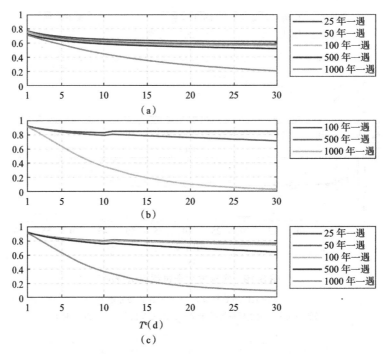

图 6-21　不同海况的韧性值随 T^e 的变化情况（当前一次灾害后系统处于单根系泊失效时）

（a）失效过程韧性值　（b）恢复过程韧性值　（c）全过程韧性值

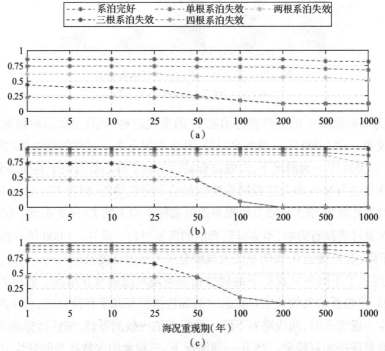

图 6-22　不同失效状态的韧性指标值随海况的变化情况（ T^e=2 d ）

（a）失效过程韧性值　（b）恢复过程韧性值　（c）全过程韧性值

6.8　本章小结

本章针对系泊失效下的浮式平台开发了多灾害下韧性动态建模及评估方法。第一,对多灾害的类型进行分类,包括灾害同时发生、灾害渐进发生以及外部灾害与内在失效的耦合灾害。第二,针对大多数具有复杂配置的系统,提出了通用状态定义方法,包括失效单元和系统整体性能两个方面。第三,基于隐马尔可夫链模型模拟失效过程的不同状态。第四,考虑不同的恢复措施和渐进灾害的影响,构建了全面的恢复过程动态模拟模型。第五,基于系统性能曲线,提出了韧性评估框架,并运用于评估中国南海某半潜式生产系统在多灾害下的韧性,讨论了灾害等级、灾害间隔时间和不同失效状态的影响。本章研究是在第 5 章的基础上考虑了多灾害影响,并进一步丰富了多状态划分、失效过程及恢复过程建模而提出的,该方法不仅适用于案例中的半潜式平台及第 5 章的张力腿平台,在考虑其他海上结构的响应特征、恢复情况及失效模式的基础上,可进一步扩展应用到其他对象中。

随机多灾害的韧性建模仍然是一个新兴的研究领域,在未来的研究中,研究者可从以下几个方面做出努力。

(1)内波对平台安全性的影响主要是通过作用于上部浮体,并引起平台的大幅度偏移,而地震对深水浮式平台系泊系统的影响主要在底锚,及由地震引起的海啸等极端环境,且地震的发生为瞬时工况,与极端海况同时发生的概率非常小。由于时间精力所限,本章主要选取了对深水浮式平台系泊系统影响较大的极端环境、台风等灾害环境进行案例分析,为了安全评估的全面性,未来可考虑更复杂的并发灾害,如同时作用于平台的地震、波浪、风、冰等各种复杂的偶然荷载。

(2)由于韧性评估数据有限,本章仅基于修复时间构建恢复模型,未来可增强与工程的协作以构建更完备的模型,将模型扩展到数据更详备的工程项目中。

(3)可以进一步将多灾害韧性建模扩展到生命周期韧性管理。在生命周期中,系统可能会面临更复杂的灾害,如灾害和恢复反复间隔发生。

本章部分图例

说明:为了方便读者直观地查看彩色图例,此处节选了书中的部分内容进行展示。页面左侧的页码,为您标注了对应内容在书中出现的位置。

第7章　深水浮式平台系泊系统多维度韧性评估框架

7.1　引言

韧性是工程系统安全管理中一个复杂的综合性概念,本章考虑浮式平台系泊系统的特征及性能,将其韧性的复杂内涵概念化为 3 个相互关联的维度——技术、组织和经济,构建了深水浮式平台系泊系统的多维度韧性评估指标框架,由 3 个关键指标组成,包括鲁棒性韧性指标、恢复韧性指标和生产性能指标。

韧性的技术维度是指在外部灾害或系统自身固有缺陷作用下,系泊系统达到可接受/期望水平的能力,本章将其定义为系泊系统完成既定功能保持浮式结构在位状态,抵御连续失效的能力。在第 3 章对系泊失效下浮式平台的失效过程分析及鲁棒性评估的基础上,提出了鲁棒性韧性指标。

韧性的组织维度指的是管理执行与灾害处理相关的组织能力,以恢复系统状态。本章主要指系泊维修过程中的组织能力,在第 5 章的基于连续时间马尔可夫链的恢复模型、第 6 章基于正态分布恢复时间假设的恢复模型及第 4 章恢复过程不确定性分析的基础上,构建考虑具有不同备件的恢复模型来量化恢复过程,并提出恢复韧性指标。

韧性的经济维度指的是与灾害直接和间接经济损失相关的能力,对于系泊系统而言,本章主要量化浮式平台生产性能相关的经济损失情况,并首次以概率的形式描述系统在系泊失效情况下恢复过程中的生产性能,提出生产性能指标。

本章的其余部分概述如下:7.2 节详细介绍了多维韧性评估框架;7.3 节以中国南海某半潜式生产系统为说明性案例,定量讨论了海况和可用备件情况对系统韧性的影响,并给出一些工业应用的建议;7.4 节概述了结论和观点。

7.2　多维度系泊系统韧性评估框架

一个全面的韧性评估框架需要具备两个明显的优势。一方面需要捕捉在外部干扰下系统不同阶段的行为,包括干扰前、干扰期间及干扰后等阶段;另一方面,需要反映系统涵盖技术和社会等多方面、多学科维度的特征。本章提出的多维韧性评估框架由 3 个指标组成,分别用于评估系统在技术、组织和经济维度的能力。

(1)鲁棒性韧性指标(Robustness Resilience Index, ROI)。这是技术维度的韧性指标,重点关注系统在面临失效干扰时的性能,特别是其防止连续失效的能力,主要通过分析不同的失效模式进行性能评估。

（2）恢复韧性指标（Recovery Resilience Index，REI）。这是组织维度上的韧性指标，强调系统的维修恢复过程受组织因素的影响情况。通过构建考虑了环境、人员以及材料及设备相关不确定性因素的恢复模型，模拟失效干扰后的系统性能，并根据模拟结果进一步计算确定指标值。

（3）生产性能指标（Function Performance Index，FPI）。这是经济维度上的韧性指标，用于评价深水浮式平台的油气生产能力。由于引入了生产功能视角，涵盖了经济维度的韧性评估框架的功能明显提升和加强了。Bruneau 等曾构建一种典型的韧性概念评估框架，将韧性指标整合成包括技术、组织、社会和经济等 4 个相互关联的维度。社会维度强调地震灾区和政府管辖区因关键服务丧失而遭受的负面影响的情况，这种影响难以量化，且对于海上结构而言相对较小。对于浮式生产系统来说，关键服务指的是生产石油、天然气和电力等。但该服务并不直接与用户相连，且具有其他替代服务。因此，本章所提出的框架不包括社会维度，类似的能力在经济维度上进行量化，并整合到生产性能指标（FPI）中。

韧性评估框架详见图 7-1，具体计算过程将在随后各小节中展开详细说明。

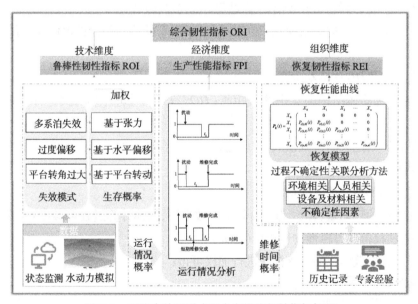

图 7-1 系泊失效下浮式平台多维度韧性指标框架

7.2.1 技术维度：鲁棒性韧性指标

鲁棒性韧性指标（ROI）是综合考虑了系统失效模式的生存概率，主要是基于第 3 章对系泊失效下的浮式平台的失效过程分析及鲁棒性评估构建的，具体的分析过程包括以下 4 个步骤。

第 1 步：失效模式识别。

失效模式识别是后续分析的关键前提。第 5 章的分析表明，系泊失效下的浮式平台主要面临多系泊失效、过度偏移和平台转角过大等 3 种主要的连续失效模式,据此确定了本章的 3 种失效模式。

第 2 步:获取面临灾变或失效时的响应数据。

对于离线鲁棒性评估,水动力数值模拟可为后续计算失效模式的生存概率提供分析数据,一般采用 3 h 的模拟结果拟合概率分布模型。对于实时鲁棒性评估,获取系统响应数据的方式是状态监测,这也是系统预测和健康管理(Prognostics and Health Management,PHM)的重要组成部分。

第 3 步:失效模式的生存概率计算。

第 2 步中获取的响应数据用于对第 1 步中识别的失效模式进行生存概率计算,3 种失效模式分别对应基于张力、水平偏移及平台转角的鲁棒性评估。

对于多系泊失效的失效模式,对应进行基于张力的鲁棒性评估,所得的某环境下的生存概率为

$$P_{\mathrm{mmf}} = P(TR \leqslant TL|EOE) \tag{7-1}$$

式中:TR 为张力响应,表示初始系泊失效后剩余系泊在每个时刻的最大张力;TL 为系泊极限张力;EOE 为海洋环境情况,具体计算过程可参考 5.3.1 节。

对于水平偏移过大的失效模式,对应进行基于水平偏移的鲁棒性评估,所得的某环境下的生存概率为

$$P_{\mathrm{exoff}} = P(HO \leqslant HO_{\mathrm{fail}}|EOE) \tag{7-2}$$

式中:HO 为平台浮体结构的水平欧氏距离;HO_{fail} 为水平偏移限制,具体计算过程可参考 3.2.2 节。

对于平台转角过大的失效模式,对应进行基于平台转角的鲁棒性评估,所得的某环境下的生存概率为

$$P_{\mathrm{exro}} = P(RR \leqslant RR_{\mathrm{fail}}|EOE) \tag{7-3}$$

式中:RR 为平台的转动量;RR_{fail} 为平台转动失效准则,具体计算过程可参考 6.4 节。

第 4 步:加权得到鲁棒性韧性指标(ROI)。

通过对所有失效模式的生存概率进行加权可得:

$$\mathrm{ROI} = \sum_{i=\mathrm{mmf,exoff,exro}} w_i \cdot P_i \tag{7-4}$$

式中:w_i 为不同失效模式的权重。如果有大量的失效事故历史数据库,可以通过失效模式的发生概率确定权重;否则,可以采用指标加权方法来确定 w_i,如基于专家经验的主观方法、客观方法(如熵值法等)和综合赋权方法,具体可参考 3.2.4 节。

7.2.2　组织维度:恢复韧性指标

恢复韧性指标(REI)主要反映系统恢复过程的特征,计算过程分为 3 个步骤,包括构建恢复模型、系统性能模拟和指标计算。

第 1 步:构建恢复模型。

根据系泊失效事故恢复过程的特点构建恢复模型。更换系泊失效单元的恢复时间受到各种不确定性因素的影响,如果有可用的维护历史数据库,则可据此构建恢复时间概率分布模型,否则可依据专家经验构建。第 4 章的研究表明,不考虑备件可用性的情况,不同损伤级别的恢复时间服从正态分布模型。损伤级别基本上是根据失效系泊的数量划分的。$X_k(k=1,2,\cdots)$ 表示系统具有 k 根失效系泊,X_0 表示系泊处于系泊完好状态。系统从损伤状态 $X_k(k=1,2,\cdots)$ 转移到完好状态 X_0,需要修复 k 根失效系泊,其恢复时间记为 T_k,概率分布为

$$T_k \sim N(\mu_k, \sigma_k^2) \tag{7-5}$$

式中:μ_k、σ_k 为 T_k 概率分布模型的平均值和标准差,包含恢复任务的总工期,例如损伤识别、安排计划、资源调度、执行修复和状态监控等。具体参数可采用第 4 章提出的进度不确定性关联分析模型(CSUAM)确定。

本节在第 6 章基于恢复时间服从正态分布假设构建的恢复模型的基础上,考虑系泊维修的过渡状态构建了恢复模型。恢复过程的转移概率矩阵是一个下三角矩阵,记为 $\boldsymbol{P}_R(t)$,即

$$\boldsymbol{P}_R(t) = \begin{matrix} & \begin{matrix} X_0 & X_1 & X_2 & \cdots & X_n \end{matrix} \\ \begin{matrix} X_0 \\ X_1 \\ X_2 \\ \vdots \\ X_n \end{matrix} & \begin{pmatrix} 1 & 0 & 0 & \cdots & 0 \\ P_{r(1,0)}(t) & P_{r(1,1)}(t) & 0 & \cdots & 0 \\ P_{r(2,0)}(t) & P_{r(2,1)}(t) & P_{r(2,2)}(t) & \cdots & 0 \\ \vdots & \vdots & \vdots & & \vdots \\ P_{r(n,0)}(t) & P_{r(n,1)}(t) & P_{r(n,2)}(t) & \cdots & P_{r(n,n)}(t) \end{pmatrix} \end{matrix} \tag{7-6}$$

其中,每个元素 $P_{r(i,j)}(t)$ 是指在时间区间 $[0,t]$ 内从状态 X_i 转移到 X_j 的概率。

矩阵的第一列是系统从当前失效状态 $X_k(k=1,2,3,\cdots,n-1)$ 恢复到完好状态 X_0 的概率,表示同步修复 k 根系泊的概率:

$$P_{r(k,0)}(t) = F_{T_k}(t) = \int_{-\infty}^{t} f_{T_k}(t) \mathrm{d}T_k \tag{7-7}$$

在工程应用中,系泊备件并不总是立即可用的,而新的系泊备件到货可能需要等待较长时间。考虑到系泊失效下的结构承载力较低,在备件采购期间,可采取短期恢复措施,先修复一根或两根系泊。执行临时恢复操作的基础是完备的系泊备件管理计划,以保证有随时可用的系泊备件。假设有 m 根系泊备件,多次调度维修资源逐根修复系泊的情况对应恢复矩阵项表示为 $P_{r(k,j)}(t)$,即

$$P_{r(k,j)}(t) = \begin{cases} \left[1 - \sum_{i=1}^{j-1} P_{r(k,i)}(t)\right] \times P_{r(k-j,0)}(t) & \text{当} k-j \leq m \\ 0 & \text{当} k-j > m \end{cases} \tag{7-8}$$

其中,$j \in [2, k-1]$。

矩阵的主对角线上的项为

$$P_{r(k,k)}(t) = 1 - \sum_{i=1}^{k-1} P_{r(k,i)}(t) \tag{7-9}$$

第 2 步:系统性能模拟(详情可参考 6.5.4 节恢复性能曲线动态模拟)。

当系统有 $k(k=1,2,\cdots,n)$ 根失效系泊时,初始恢复状态列向量 $\boldsymbol{P}(0)$ 可表示为

$$p_i(0) = \begin{cases} 1 & \text{当} i = k \\ 0 & \text{当} i \neq k \end{cases} \tag{7-10}$$

其中, $i = 0,1,\cdots,n$。

状态向量序列可由恢复过程的转移概率矩阵 $\boldsymbol{P}_\mathrm{R}(t)$ 和 $\boldsymbol{P}(0)$ 相乘得到:

$$\boldsymbol{P}(t) = \boldsymbol{P}_\mathrm{R}(t) \times \boldsymbol{P}(0) \tag{7-11}$$

根据状态 $X_k(k=1,2,\cdots,n-1)$ 的严重程度为其赋值 v_k,可得恢复性能曲线:

$$RP(t) = \boldsymbol{P}(t) \cdot \boldsymbol{V} \tag{7-12}$$

式中: $\boldsymbol{V}$ 为状态严重度的向量, $\boldsymbol{V} = (0, v_1, v_2, \cdots, v_n)$。所得性能曲线示意图如图 7-2 所示, $RP(t)$ 值越大,表示系统性能越差。

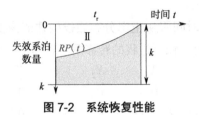

图 7-2　系统恢复性能

第 3 步:指标计算。

恢复韧性指标(REI)为图 7-2 的区域 I 和区域(I + II)面积的比值:

$$\mathrm{REI}(t = t_\mathrm{r}) = \frac{A_\mathrm{I}}{A_{(\mathrm{I+II})}} = 1 - \frac{\int_0^{t_\mathrm{s}} RP(t)\mathrm{d}t}{k \times t_\mathrm{r}} \tag{7-13}$$

式中:区域 II 是从失效发生($t = 0$)到修复时间($t = t_\mathrm{r}$)的积分,区域(I + II)的面积是指系泊失效后的最大损失。REI 值越大,代表系统具有越好的恢复能力。

7.2.3　经济维度:生产性能指标

生产性能指标(FPI)是衡量经济维度表现的韧性指标,用于评估系统在受灾或失效时的功能表现情况。对于海上平台来说,经济回报主要与油气生产能力有关。对于海上风电场来说,则与其发电能力有关。当备件采购周期较长,可达 4~6 个月时,需要进行两次维修部署,先进行短期修复暂时恢复生产,然后进行长期修复。由于没有产能随时间变化的详尽历史数据,故本节做了以下两个假设。

(1)假设平台的生产停机和重新恢复生产是瞬间完成的,即如图 7-3 所示的生产性能曲线在 0(停机)和 1(满负荷生产)之间垂直上下变化。

(2)短期恢复措施可以满足平台满负荷生产作业的安全要求。

根据系泊失效下系统是否可以正常运行以及是否采取短期修复措施,随时间变化的生产性能曲线如图 7-3 所示。图 7-3(a)是系泊失效下的系统能够继续生产油气的情况,此时系统可以满负荷生产直至维修准备完成,才停机执行系泊维修作业,在修复完成后重新开机恢复生产。但如果系统发生较严重的系泊失效事故导致系统无法正常生产,则应停机直至

修复完成,生产性能曲线如图7-3(b)所示。当维修准备时长较长时,可考虑进行短期修复措施,短暂恢复生产能力,直至进行最终修复措施时停机,待修复完成再恢复生产(图7-3(c))。因为不停产维修的情况并不总是适用于所有浮式生产系统,故本节对此不予考虑。若评估对象具有不停产维修的能力,那么在执行修复的时间段内,生产性能函数始终为1,与本节讨论的情况相比,这是一种更简单的情况。根据以上分析,图7-3中所示的3种生产性能曲线在数学上可描述为

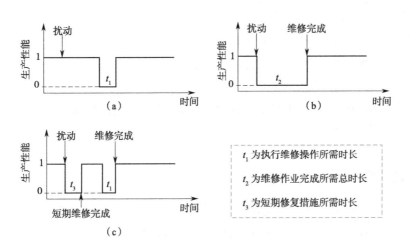

图 7-3　随时间变化的生产性能曲线

(a)系泊失效下系统能够继续生产油气　(b)系泊失效下系统不能正常生产油气
(c)系泊失效下系统不能正常生产油气,但采取短期修复措施短暂恢复生产能力

$$F_{a}(t)=\begin{cases}1 & t\in[0,t_2-t_1]\bigcup[t_2,\infty)\\0 & t\in[t_2-t_1,t_2]\end{cases} \tag{7-14}$$

$$F_{b}(t)=\begin{cases}1 & t\in[t_2,\infty)\\0 & t\in[0_1,t_2]\end{cases} \tag{7-15}$$

$$F_{c}(t)=\begin{cases}0 & t\in[0,t_3]\bigcup[t_2-t_1,t_2]\\1 & t\in[t_3,t_2-t_1]\bigcup[t_2,\infty)\end{cases} \tag{7-16}$$

根据生产性能曲线,经过以下3个步骤可计算得到生产性能指标(FPI)。

第1步:获取不同恢复情况下随时间变化的生产性能。

鉴于7.2.2节恢复模型中恢复时间的不确定性,生产性能曲线也会有所不同。将生产功能表现(Function Performance, FP)定义为生产性能的期望。当k根系泊失效时,对于图7-3(a)所示的情况,其生产功能表现$FP_{a}(t)$为

$$FP_{a}(t)=E(F_{a}(t))=\left[1-P_{r(k,0)}\left(\frac{t}{1-\alpha}\right)\right]\bigcup P_{r(k,0)}(t) \tag{7-17}$$

式中:α为执行修复的工期t_1与全过程恢复时间t_2的比率,$\alpha=t_1/t_2$。

对于图7-3(b)所示的情况,其生产功能表现$FP_{b}(t)$为

$$FP_{b}(t)=E(F_{b}(t))=P_{r(k,0)}(t) \tag{7-18}$$

对于图 7-3(c)所示的情况,其生产功能表现 $FP_c(t)$ 为

$$FP_c(t) = E(F_c(t)) = P_{r(k,j)}(t) \bigcup P_{r(k,0)}(t) \quad j \in [2, k-1] \tag{7-19}$$

式(7-17)至式(7-19)的推导过程详见附录3。

第 2 步:计算不同情况的发生概率。

此概率是根据不同失效模式的生存概率来确定的(可参考 7.2.1 节),图 7-3 各情况的发生概率为

$$P_a = \min(P_{mmf}, P_{exoff}, P_{exro})_k \tag{7-20}$$

$$P_b = \max(1 - P_{mmf}, 1 - P_{exoff}, 1 - P_{exro})_k \tag{7-21}$$

$$P_c = [1 - \min(P_{mmf}, P_{exoff}, P_{exro})_k] \cdot \min(P_{mmf}, P_{exoff}, P_{exro})_j \quad j \in [2, k-1] \tag{7-22}$$

第 3 步:计算生产性能指标(FPI)。

FPI 是通过不同情况的发生概率对其对应的生产性能函数加权得到:

$$\text{FPI} = \sum_{i=a,b,c} FP_i(t) \cdot P_i \tag{7-23}$$

7.2.4　综合韧性指标

以上 3 个维度的指标可绘制成如图 7-4 所示的雷达图,将综合韧性指标(Overall Resilience Index, ORI)定义为 3 个指标所包围面积与最大面积的比值:

$$\text{ORI} = \frac{A}{A_{max}} = \frac{4}{3}A \tag{7-24}$$

其中,$A_{max} = (3 \times 1 \times 1 \times \sin 30°)/2 = \frac{3}{4}$。

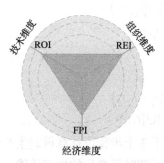

图 7-4　韧性指标值雷达图

7.3　应用案例分析

7.3.1　案例基本信息

本章案例分析的研究对象与 6.7 节的应用案例分析所述一致,研究对象的结构布置、几何参数、系泊属性、水动力模型、水深条件(1 422.8 m)及热带气旋条件下海况数据、载荷方向(225°)等均如 6.7.1 节所述。此外本章还考虑了无热带气旋条件下不同重现期——1、5、

10、25、50、100、200、500、1 000 年一遇的风、浪、流环境条件。通过水动力模拟获得系统在不同状态下的响应,包括完整系统、1/2/3/4 根系泊失效的情况。假设四根系泊失效顺序为 M3 → M2 → M1 → M4(与 6.7.1 节所述一致)。

基于第 4 章对系泊维修工期的研究,估计本案例研究中的恢复模型参数,列于表 7-1 中。$T_i(i=1,2,3,4)$ 为维修 i 根系泊的所需工期。有 1 个备件时的 T_2 等于无可用备件时的 T_2 减去 T_1 的采购维修材料的平均用时,即 38.2-13.8=24.4。有 2 个备件时的 T_2 等于无可用备件时的 T_2 减去 T_2 的采购维修材料的平均用时,即 38.2-24.6=13.6。因为两根系泊失效时最多需要 2 个备件,故有 3 或 4 个备件时的 T_2 值不再缩短,仍等于有 2 个备件时的 T_2。表中的带灰色底纹的其余均值可用同样的方式进行估计。

表 7-1　恢复模型参数

工期		T_1	T_2	T_3	T_4
均值 μ(d)	无可用备件	24.4	38.2	65.1	106.1
	有 1 个备件	10.9	24.4	51.3	92.3
	有 2 个备件	10.9	13.6	40.5	81.5
	有 3 个备件	10.9	13.6	19.3	60.3
标准差 σ		2.14	3.0	5.0	8.0
采购维修材料的平均用时(d)		13.8	24.6	45.8	76.3
执行维修的平均用时(d)		1.5	2.7	4.9	7.9

基于所述数据,在接下来各节中将运用本章 7.2 节构建的多维度浮式平台系泊系统韧性评估框架进行分析,并考虑了热带气旋条件、可用备件条件对评估结果的影响,最后进一步综合各维度进行韧性评估。

7.3.2　热带气旋条件的影响分析

在本案例研究中,假设最大允许水平偏移量为水深的 8%。最大允许平台倾斜角度为 17°。根据水动力模拟结果,计算了 3 种失效模式(即多系泊失效、过度偏移和平台倾角过大)的生存概率。如图 7-5 所示为在热带气旋条件的极端海况下,多系泊失效和偏移量过大失效模式的生存概率。依据式(3-3)和式(3-11),通过与海况重现期 T 相关的幂函数估计响应的概率分布模型参数,以得到不同重现期海况下的生存概率,而圆点为原始数据。结果显示该方法具有很高的准确性,决定系数 R^2 均接近 1。除热带气旋环境为 500 年一遇(0.998 8)和 1 000 年一遇(0.991 9)外,平台转角过大失效模式的生存概率均为 1。

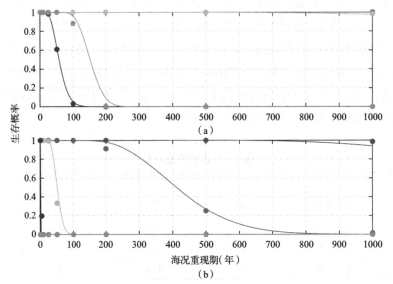

图 7-5　热带气旋条件下失效模式的生存概率

（a）下一根系泊失效　（b）过度偏移

通过熵值法对 3 个失效模式的生存概率进行加权,可得到鲁棒性韧性指标 ROI,三者的权重 w{系泊失效,过度偏移, 平台倾角过大} 为 {0.196,0.789,0.015} 。

图 7-6 展示了热带气旋和无热带气旋条件下的 ROI。随着海况逐渐剧烈,曲线持续下降并最终稳定于某定值。在无热带气旋条件下,当系泊失效少于两根时,系统都保持着极高的 ROI 水平。但当三根或四根系泊失效时,ROI 则降至 0.2 左右,而在更加剧烈的热带气旋条件下 ROI 甚至降至接近 0。这表明,此两种失效状况下系统容易发生连续失效。

图 7-6（a）中的单根/两根系泊失效,（b）中的三根或四根系泊失效的曲线最终稳定于 0.2 左右而非 0,这是因为此时系泊系统仍然足够强大,即使在海况极其恶劣时也足以承受载荷,不发生下一根系泊连续失效,剩余系泊和平台倾角过大的生存概率均为 1,这两种失效模式所占权重约为 20%,而过度偏移的生存概率约为 0。

为了综合考虑有无热带气旋影响的两种环境条件,这里采用全概率公式,此时 ROI 可表述为

$$\mathrm{ROI} = (\mathrm{ROI}|H) \cdot P(H) + (\mathrm{ROI}|\bar{H}) \cdot [1 - P(H)] \qquad (7\text{-}25)$$

式中:$ROI|H$ 和 $ROI|\bar{H}$ 分别为有热带气旋和无热带气旋时的 ROI;$P(H)$ 为每年发生热带气旋的概率,假设热带气旋的发生服从泊松过程如下。

$$P(H) = 1 - \exp[-vT] \qquad (7\text{-}26)$$

式中:v 为经验年发生率,$v=1/$重现期;T 为 20 年,即海上结构物的设计使用寿命。考虑热带气旋发生概率的 ROI 结果如图 7-7 所示。尽管图 7-6 中热带气旋条件下的 ROI 相对低,

但考虑到其发生概率极低,代表最终 ROI 的黄色曲线接近于无热带气旋的红色曲线。值得注意的是,图 7-7(c)中的黄色曲线在 70 年一遇的海况时达到最低点,然后逐渐上升,故需要格外注意 70 年一遇的极端环境。

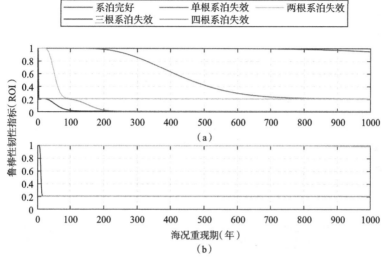

图 7-6　不同失效状态下系统的鲁棒性韧性指标值

(a)热带气旋条件下　(b)无热带气旋条件下

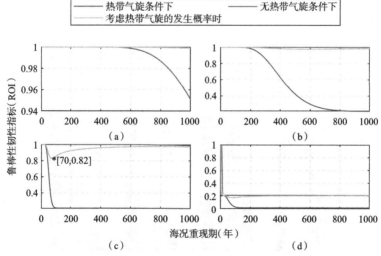

图 7-7　不同海况不同失效状态下系统的鲁棒性韧性指标值

(a)系泊完好　(b)单根系泊失效　(c)两根系泊失效　(d)三根系泊失效

7.3.3　可用备件数量的影响分析

配备不同数量备用系泊的恢复模型如图 7-8 所示。如果有可用备件,则可立即进行维修作业,此时,性能可更快恢复,然后停留在过渡状态等待维修资源调度完成。根据生产性能曲线,可得到不同备件数量的恢复韧性指标值(REI),如图 7-9 所示。从图中可以看出,1 个备件即可极大地提高 REI,在所有失效状态下,每增加 1 个备件,对 REI 的增益效果随之递减了。

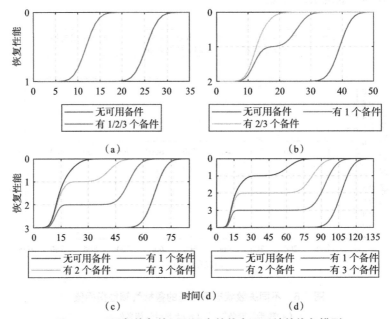

图 7-8　不同备件条件下不同失效状态下系统的恢复模型

(a)单根系泊失效　(b)两根系泊失效　(c)三根系泊失效　(d)四根系泊失效

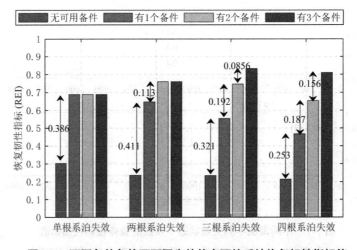

图 7-9　不同备件条件下不同失效状态下的系统恢复韧性指标值

不同的备件数量的生产性能指标(FPI)如图 7-10、图 7-11 及图 7-12 所示。对于单根系泊失效的系统(图 7-10),1 根备用系泊无法显著提高 FPI 水平。此时系泊系统的冗余度较高,能够满足单根系泊失效时的安全生产,无须停机,故无论是否有可用备件,系统都运行良好。

对于两根系泊失效的系统(图 7-11),系泊备件计划对 FPI 的影响很大。在 50~500 年一遇的海况下,尤其在事故发生 10 d 后,备件计划可显著提高 FPI,但与 1 个备件相比,2 个备件的提升效果并没有显著提升,并且在事故发生后的初期阶段,备件计划不会显著影响 FPI。因为 1 根失效系泊的最短平均修复时间为 10.9 d。事故发生后 10.9 d 内,无论是否有备件,只有在海况良好的情况下,系统的 FPI 才较高。但更多的备件会缩短恢复全过程,如图 7-11 各图中红色区域中间间隔的黄色区域所示,从图 7-11(a)中的 38 d,图 7-11(b)中的 25 d 左右到图 7-11(c)中的 15 d。

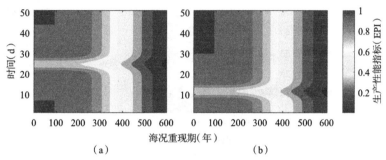

图 7-10　不同备件条件下单根系泊失效的系统的生产性能指标值

(a)单根系泊失效,无可用备件　(b)单根系泊失效,有 1 个备件

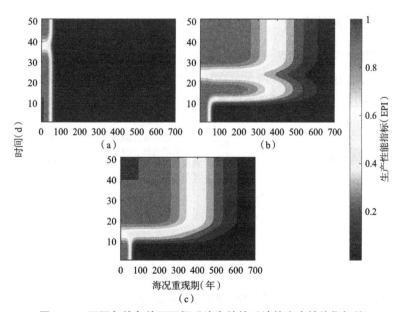

图 7-11　不同备件条件下两根系泊失效的系统的生产性能指标值

(a)两根系泊失效,无可用备件　(b)两根系泊失效,有 1 个备件　(c)两根系泊失效,有 2 个备件

对于三根系泊失效的系统(图 7-12),备件计划对 FPI 的影响较大。2 个备件大大提高了 50 年一遇海况下的 FPI。但实际上,三根系泊同时发生失效的可能性非常低。

综合单根/两根/三根系泊失效下的备件计划对 REI 和 FPI 的影响分析,在工程应用中,执行系泊备件计划有很大帮助,同时,一个备件就足以显著提高系统的恢复韧性和生产性能韧性。

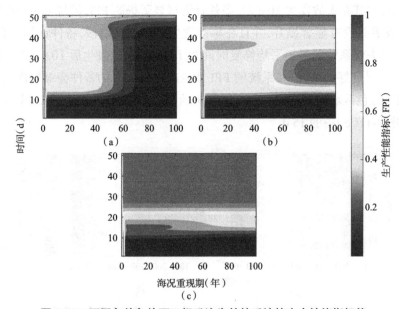

图 7-12　不同备件条件下三根系泊失效的系统的生产性能指标值

（a）三根系泊失效,有1个备件　（b）三根系泊失效,有2个备件　（c）三根系泊失效,有3个备件

7.3.4　综合韧性指标值分析

　　部分工况下浮式平台系泊系统的 3 个维度的韧性指标值雷达图如图 7-13 所示。不同备件的综合韧性指标值如图 7-14 所示，ORI 随着失效系泊数量的增加和海况的恶化而下降。从图中也可看出，一个备件可显著提高系统的整体韧性水平。

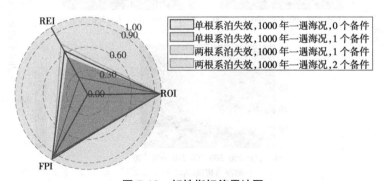

图 7-13　韧性指标值雷达图

7.4　本章小结

　　针对面临系泊失效的浮式平台,本章提出了多维度韧性评估指标框架对系统进行全面评估,包含 3 个关键维度。

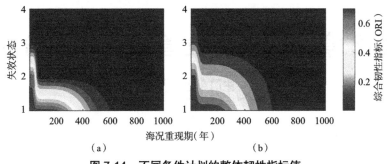

图 7-14　不同备件计划的整体韧性指标值

(a)无可用备件　(b)有 1 个备件

（1）技术维度（鲁棒性韧性指标 ROI）：该指标通过加权各种失效模式的生存概率，评估系统抵御连续失效的能力。

（2）组织维度（恢复韧性指标 REI）：该指标重点关注恢复过程的组织能力，基于马尔可夫模型构建恢复模型，分析量化系统从失效中恢复的能力。

（3）经济维度（生产性能指标 FPI）：该指标衡量系统的生产能力，如石油天然气的生产能力，分析了系泊失效下，各种运行场景及其概率情况。

将此评估框架应用于南海某半潜式生产系统，研究了热带气旋、备件可用性等因素的影响，研究结果强调了工业应用的几个重要考虑因素：系泊备件可显著提高系统的恢复韧性和生产性能韧性，且单个备件足以实现韧性的重大改进，从经济性角度方面考虑，无须配备两个或更多备件。

本章所提框架可根据其他海上结构类型的特征调整对应维度的指标计算方法，如在技术维度可根据结构的连续失效模式调整所计算的失效模式；在组织维度可根据目标对象维修措施的特征调整，由于第 4 章的结论表明备件是系泊韧性的关键因素，故本章重点考虑备件的不同构建模型；在经济维度可根据目标系统的关键功能确定衡量的主要生产力，如风电场可重点考虑其发电能力，在运维成本较高时还需要加以重点考虑。

此外，本章研究仍具有一些局限性，可从以下方面开展进一步研究：①建立全面的维修案例数据库，加强修复过程的管理；②将其他直接或间接经济损失考虑纳入韧性评估框架，以提供更全面的评估；③探索实时状态监测以实现全生命周期管理，结合实时生产监控，根据工程实际情况，更精细地划分系统产能状态。通过解决以上不足，未来的研究可促进对浮式平台系统韧性管理的理解和应用，从而实现更有效和高效的运维。

本章部分图例

说明：为了方便读者直观地查看彩色图例，此处节选了书中的部分内容进行展示。页面左侧的页码，为您标注了对应内容在书中出现的位置。

第8章 缓波型立管运动响应分析及韧性评估

8.1 引言

深海缓波型立管应用浮力块能有效隔离悬挂点与触地区的动力响应,减少浮体运动导致管道触地点的动态屈曲等负面影响。本章研究缓波型立管并对其进行疲劳损伤分析,以疲劳分析为基础建立一套适用于缓波型立管的韧性评估流程。本书应用海洋工程分析软件OrcaFlex 对缓波型立管(Lazy Wave Steel Catenary Riser, LwSCR)与赋形立管(Shaped SCR)进行静态力学特性对比,分析两者重点位置的垂向运动响应,归纳两种波型优缺点,建立多波复合构型立管计算方法。根据波数、波类及布置位置的不同,构建多种复合构型立管并进行整体及局部重点位置的运动响应分析,总结各构型特点提出最优构型。

进一步地,运用韧性评估的基本理念,构建性能衰减曲线,将性能退化阶段及性能恢复阶段进行细分。根据面积法进行韧性指标计算,对计算结果进行韧性等级划分,并将上述方法结合缓波型立管进行实例分析,提出缓波型立管韧性评估系统;基于疲劳寿命,对缓波型立管进行扰动后性能变化计算分析;对恢复时间进行敏感性分析,结果表明该案例中维修恢复的最优时长为 1~2 个受扰时长之间。

8.2 缓波型立管的疲劳损伤分析

8.2.1 钢悬链线立管重点位置疲劳分析

钢悬链线立管位于深海中会受到涡激振动、上部浮体运动、管土作用等多种荷载影响,部分受载的热点位置(如悬挂点和触地点)容易率先形成疲劳损伤。本节将以钢悬链线立管热点位置的疲劳寿命为评估指标,对比 SCR、LwSCR 和 Shaped SCR 这 3 种构型抵抗疲劳损伤的能力。本章的立管疲劳寿命计算方法参考立管疲劳分析理论,S-N 曲线选取规范 API X 相关参数(表 8-1),相关参数的含义参考式(2-43)和式(2-44),选取的 S-N 曲线如图 8-1 所示。

表 8-1 S-N 曲线参数

S-N 曲线	m	lg a	应力集中因子
API X	3.74	24.618	1.0

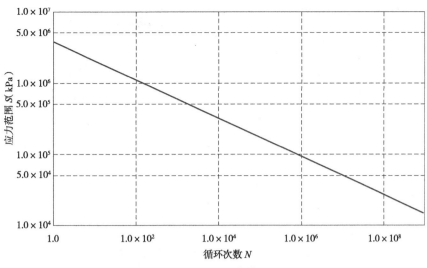

图 8-1　S-N 曲线

S-N 曲线定义了立管发生破坏的循环次数 N，循环次数 N 与应力范围 S 相关联，同时也定义了立管材料的耐久性极限 F_L，当应力低于 F_L 时立管将不会发生疲劳损伤。疲劳损伤率可以通过破坏循环次数 N 来计算：

$$D\left(D(S) = \begin{cases} 1/N(S) & \text{if } S > F_L \\ 0 & \text{if } S \leqslant F_L S \end{cases} \right. = \begin{cases} 1/N(S) & \text{if } S > F_L \\ 0 & \text{if } S \leqslant F_L \end{cases} \tag{8-1}$$

利用疲劳损伤率可以直观地看出立管整管易发生疲劳损伤的位置，疲劳损伤率越大，该点受损的概率越大，对应的疲劳寿命将越小。为了探究立管局部热点位置的疲劳损伤。首先，对立管整体的疲劳损伤率的分布做一个计算，如图 8-2 所示。

表 8-2 是 3 种立管构型最大疲劳损伤率数值及其点位的汇总。图 8-2（a）至图 8-2（c）分别是 SCR、LwSCR 和 Shaped SCR 这 3 种构型疲劳损伤率沿管长的分布图，疲劳损伤率越大说明立管在该点更容易受到疲劳损伤。从疲劳损伤率的整管分布来看，传统钢悬链线立管（SCR）最易受损的位置位于触地点；LwSCR 构型和 Shaped SCR 构型都能有效缓解触地区域的疲劳损伤，这两种构型的最大疲劳损伤位置皆位于悬挂点。

表 8-2　立管疲劳损伤率及点位汇总

立管类型	最大损伤率	最易受损点位
SCR	4.74×10^{-6}	触地点
LwSCR	2.71×10^{-7}	悬挂点
Shaped SCR	3.24×10^{-7}	悬挂点

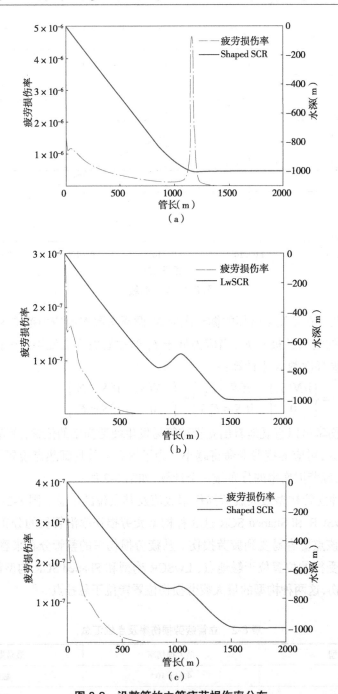

图 8-2　沿整管的立管疲劳损伤率分布

(a)SCR 构型立管疲劳损伤率沿管长分布　　(b)LwSCR 构型立管疲劳损伤率沿管长分布
(c)Shaped SCR 构型立管疲劳损伤率沿管长分布

　　根据以上结论,对 SCR、LwSCR 和 Shaped SCR 这 3 种构型的热点位置疲劳寿命进行了汇总,如图 8-3 所示。3 种构型除了涉及布置构型的参数,如浮筒段位置、海底坐标等不一致以外,包括环境荷载以及立管材料等其余参数全都一致。图中可以直观地看出不论是悬挂点还是触地点 SCR 构型的疲劳寿命都要远小于 LwSCR 构型和 Shaped SCR 构型对应点位的疲劳寿命。其中针对触地区而言,在钢悬链线立管中部设置浮筒段能有效减少触地区的疲劳损伤,提高疲劳寿命。这 3 种构型中 LwSCR 构型在悬挂点及触地点的疲劳寿命最大,说明该构型具有最佳抵抗疲劳损伤的能力。

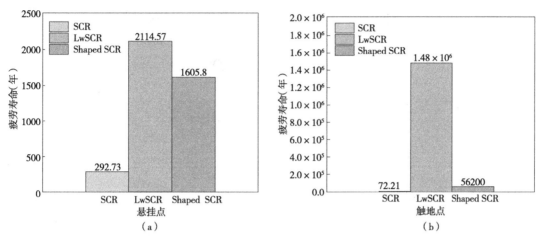

图 8-3　SCR、LwSCR 和 Shaped SCR 3 种构型热点位置疲劳寿命汇总

(a)悬挂点疲劳寿命分布　(b)触地点疲劳寿命分布

8.2.2　考虑不同构型立管的疲劳寿命计算

由以上数值分析的结果可以知道,LwSCR 和 Shaped SCR 两种构型立管的疲劳寿命远大于 SCR 构型立管的疲劳寿命,但仅针对 LwSCR 和 Shaped SCR 两种构型抵抗疲劳损伤的优劣还没有明确的规律。本节从立管的高度逆差及双波复合构型的角度出发,深入探究 LwSCR 和 Shaped SCR 两种构型抵御疲劳损伤能力的差异。

1. 考虑高度逆差对疲劳寿命的影响

为了探究立管高度逆差对疲劳寿命的影响,进行 4 组缓波型立管的对比,立管布置形式参考表 8-3,同样考虑将一组 Shaped SCR 构型与 3 组高度逆差逐渐增加的 LwSCR 构型进行比较,疲劳损伤率的分析结果如图 8-4 所示。

表 8-3　LwSCR 与 Shaped SCR 的浮力块布置及高度逆差对比

参数	Shaped SCR	LwSCR		
	1 号管	2 号管	3 号管	4 号管
海底端坐标	(−1 450,0,−1 000)	(−1 300,0,−1 000)	(−1 200,0,−1 000)	(−1 100,0,−1 000)
浮力段位置	1 000~1 200 m	1 000~1 200 m	1 000~1 200 m	1 000~1 200 m
立管段密度	0.18 t/m	0.18 t/m	0.18 t/m	0.18 t/m
浮力段密度	0.09 t/m	0.09 t/m	0.09 t/m	0.09 t/m
高度逆差	0 m	34.80 m	64.36 m	93.13 m

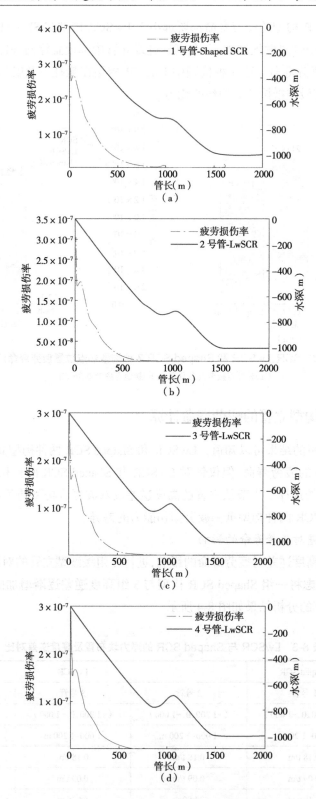

图 8-4　4 组立管疲劳损伤率分析结果

（a）1 号管的疲劳损伤率　（b）2 号管的疲劳损伤率　（c）3 号管的疲劳损伤率　（d）4 号管的疲劳损伤率

为了研究高度逆差对立管静态力学特性的影响,将 1 组 Shaped SCR 与 3 组高度逆差递增的 LwSCR 进行对比,4 根管道的海底端坐标、浮力段位置、立管段密度、浮力段密度及高度逆差数据见表 8-3,Shaped SCR 为 1 号管,3 组 LwSCR 分别为 2~4 号管。浮力块相关参数的改变被转换成该段立管等效刚度、等效质量的改变,体现在立管段密度与浮力段密度的不同上,从而起到改变立管构型的作用。将 3 组 LwSCR 的海底端坐标位置延后,调整出高度逆差递增的立管构型,所有立管的浮子段总长度皆为 200 m,位置相同。4 根管道在静态分析中上端与上部浮体铰接,其坐标均为(0,0,0),下端与海底连接方式为固定连接,坐标见表 8-3。

图 8-4 表示不同高度逆差的 4 根管线在固定环境荷载作用下,疲劳损伤率沿整管分布的示意图,由图中可以看出,4 根管线疲劳损伤率最高的位置都发生在悬挂点。悬挂点在立管作业过程中会受到上部浮体运动,并承受整根立管的湿重,该处的运动响应以及动态有效张力都较大,容易引发疲劳损伤。由于缓波型立管中部浮筒段的运动隔离效果,促使触地点不再成为整管受损最多的点位,所以悬挂点变成整管最易受损的点位。

可以看出,随着高度逆差的增高,悬挂点的疲劳损伤率逐渐下降,说明高度逆差增高,一方面可以提高立管构型抵抗运动响应的能力,另一方面可以承担更多的管线重量,降低悬挂点的有效张力,从而达到降低立管悬挂点疲劳损伤的效果。

为了更直观地看到高度逆差增加立管疲劳寿命的变化,对 4 组立管热点位置的疲劳寿命进行汇总,如图 8-5 所示。从图中可以看出,1~4 号管在本章制定的海况下的疲劳寿命均符合工程要求。随着高度逆差的增加,悬挂点的疲劳寿命也在逐渐增加,但增速降低。触地点与之相反,随着高度逆差的增加,触地点的疲劳寿命增加,且增速同样在上涨。说明高度逆差的增加针对悬挂点而言存在瓶颈,当高度逆差增加到一定值后对悬挂点的疲劳寿命影响不大。触地点的疲劳损伤显然与高度逆差息息相关,说明高度逆差越大,缓波型立管构型的动态隔离效果越好,触地点所受疲劳损伤越小。

表 8-4　4 组立管疲劳损伤率及点位汇总

立管类型	最大损伤率	最易受损点位
1 号管-Shaped SCR	3.60×10^{-7}	悬挂点
2 号管-LwSCR	3.08×10^{-7}	悬挂点
3 号管-LwSCR	2.96×10^{-7}	悬挂点
4 号管-LwSCR	2.91×10^{-7}	悬挂点

2. 考虑双波复合构型的疲劳寿命对比

本书提出的双波复合构型立管就是结合了 LwSCR 构型和 Shaped SCR 构型进行布置,良好的布置可以综合两种构型的优缺点,取长补短,达到最佳运动隔离效果以及抵御疲劳损伤的能力。本小节从立管整体以及局部热点位置所受疲劳损伤出发,探究 3 种双波复合构型立管的抗疲劳损伤性能的优劣以及 LwSCR 构型和 Shaped SCR 构型在复合构型立管中的特点。

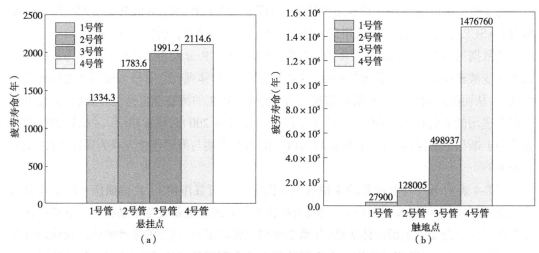

图 8-5　4 根立管疲劳损伤热点位置疲劳寿命对比

（a）悬挂点疲劳寿命分布　（b）触地点疲劳寿命分布

表 8-5 是 3 组双波复合构型立管最大疲劳损伤率数值及其点位汇总。对 3 组双波复合构型进行进一步的整管疲劳损伤率的分析对比，如图 8-6 所示。其中 a 组立管与 c 组立管皆由 LwSCR 型和 Shaped SCR 构型组合而成，分布位置相反，b 组立管由两个 LwSCR 构型组成。由图中可以看出，3 种波形的疲劳损伤率最大点都在悬挂点，且 3 组立管中，添加了 Shaped SCR 构型的 a 组立管与 c 组立管在悬挂点的疲劳损伤率都会小于 b 组立管在悬挂点的疲劳损伤率，说明加入 Shaped SCR 构型立管有助于提高悬挂点的抗疲劳能力。

表 8-5　3 组双波复合构型立管疲劳损伤率及点位汇总

立管类型	最大损伤率	最易受损点位
a 组立管	1.52×10^{-7}	悬挂点
b 组立管	2.43×10^{-7}	悬挂点
c 组立管	1.54×10^{-7}	悬挂点

值得注意的是，在 c 组立管中的首波 Shaped SCR 构型处的疲劳损伤率发生突增，说明在双波复合构型立管中将 Shaped SCR 构型放置于首波处会增加该位置受到疲劳破坏的风险。立管在深海中的疲劳损伤主要来源于海洋环境荷载，包括涡激振动引发的疲劳、波致疲劳等。立管首波处设计 Shaped SCR 构型导致该位置的高度逆差几乎为零，该位置立管几乎在同一水平线受到海洋环境荷载的作用，相比于垂向分布的立管，该位置立管所受载荷更加交错复杂，促使该点的疲劳损伤发生率更高。

基于三组双波复合构型立管，进行局部疲劳易损位置的疲劳寿命分析，一共选取了 4 个点位，包括悬挂点、触地点、首波弯矩极值点和次波弯矩极值点。其中后两个点位的选取方法参考图 8-7。3 组立管计算得到的各点位疲劳寿命如图 8-8 和图 8-9 所示。

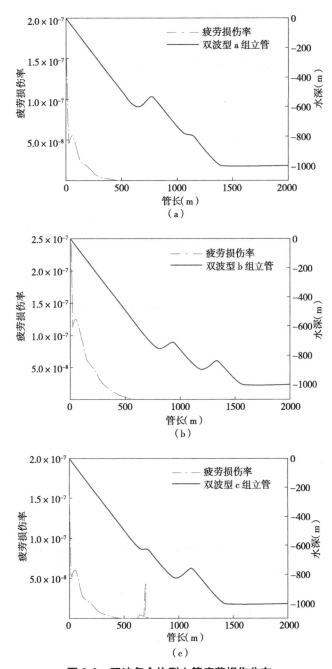

图 8-6　双波复合构型立管疲劳损伤分布

（a）双波型 a 组立管的疲劳损伤率　（b）双波型 b 组立管的疲劳损伤率　（c）双波型 c 组立管的疲劳损伤率

　　悬挂点是缓波型立管所受疲劳损伤最严重的点位,所以该点的疲劳寿命往往最低。从图 8-8（a）中可以看出,添加了 Shaped SCR 构型的 a 组立管与 c 组立管在悬挂点的疲劳寿命明显高于 b 组立管,一方面形成 Shaped SCR 构型所需的立管长度较 LwSCR 构型较短,从而减少立管悬挂在海水中的长度,减少悬挂点的有效张力;Shaped SCR 构型有助于抑制立管节点的运动,达到降低悬挂点疲劳损伤的效果。

从图 8-8(b)可以看出,3 组立管在触地点的疲劳寿命都处于安全范围内,其中 a 组立管触地点的疲劳寿命最大,而触地点所受的疲劳损伤主要是由于上部浮体的垂向运动引起的,说明首波采用 LwSCR 构型,次波采用 Shaped SCR 构型能最有效地隔离上部浮体的运动响应。

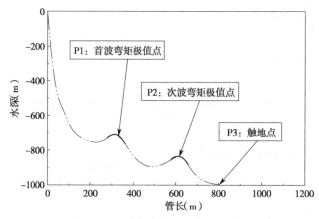

图 8-7　双波复合构型重点位置介绍

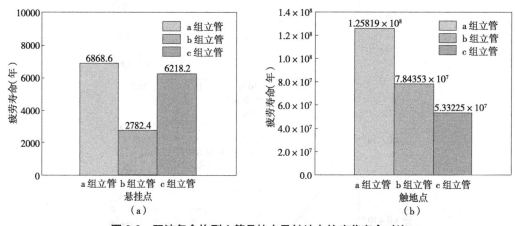

图 8-8　双波复合构型立管悬挂点及触地点的疲劳寿命对比

(a)悬挂点疲劳寿命分布　(b)触地点疲劳寿命分布

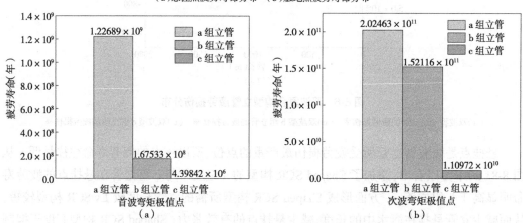

图 8-9　双波复合构型立管首次波疲劳寿命对比

(a)首波弯矩极值点疲劳寿命分布　(b)次波弯矩极值点疲劳寿命分布

从图 8-9(a)与图 8-9(b)可以看出,在首波及次波位置,3 组立管的疲劳寿命排名都是 a 组 >b 组 >c 组,尤其是 c 组立管在这两点处的疲劳寿命远小于另外两种立管构型。结合上文整体疲劳损伤率分析中,c 组立管在首波处发生疲劳损伤率突变的情况,发现将 Shaped SCR 构型放置于首波处会导致立管整个悬浮段的疲劳损伤增加,从而降低立管的使用寿命。

8.3　缓波型立管韧性恢复能力研究

8.3.1　韧性评估模型概述

早期多位学者(如 Tierne 与 Attoh-Okine 等)基于韧性三角形提出了基础的韧性评估模型,奠定了韧性评估应用的基础。随着研究的深入,学者们对韧性恢复的每个过程都有更细致的探索。对扰动过程来说,Ayyub 将扰动性能衰减阶段划分为脆性退化、塑性退化以及超塑性退化 3 个过程,代表扰动发生后不同速率的性能退化情况。Huang 基于 Ayyub 的研究,结合工程中灾后修复的实际情况,在扰动消失后与恢复阶段前加入了演化阶段,并详细分析了演化阶段会发生的多种情况。

尽管已有多名学者对韧性评估流程进行了较为详细的分析,然而大多集中在地震飓风受灾、隧道结构恢复等领域,对于海洋工程领域的韧性恢复研究较少。本节基于上述学者对韧性评估理念的研究,充分考虑深海海洋环境扰动的特点,以及立管受扰后的性能变化,构建缓波型立管韧性分析模型和相应工况的韧性分析指标,具体韧性评估流程如图 8-10 所示。

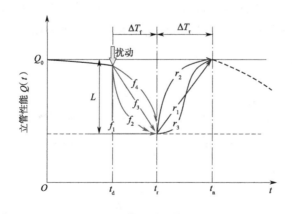

图 8-10　立管韧性评估流程汇总

图 8-10 中包含了 4 种立管受扰性能下降情况以及 3 种恢复情况,立管受扰后的 4 种性能退化包括:①脆性退化 f_1;②微塑性退化 f_2;③塑性退化 f_3;④超塑性退化 f_4。对于海洋工程装备来说,其本身具有一定的安全性,遭遇恶劣海况出现 f_1 性能脆性退化的状况较少。恶劣海况不同于地震作用时间短且能量巨大,通常深海装备会遭遇持续一段时间的恶劣海况

作用,因此海洋装备的性能会在这段扰动时间内发生塑性退化。塑性退化包括微塑性退化 f_2、塑性退化 f_3 以及超塑性退化 f_4 3 种情况,根据立管材料、布置及作业方式的不同,立管反映出的塑性也不相同,故 3 种退化情况皆有可能发生,需具体情况具体分析。

根据已有的对韧性恢复阶段的研究,恢复曲线多采用函数形式表示。其中应用最为广泛的为图 8-10 中的线性函数 r_1、指数函数 r_2 与三角函数 r_3。

(1)线性函数 r_1 通常应用于对物资储备、救援速度、社会响应等因素未知的情况,进行韧性恢复的粗略计算:

$$Q(t) = \frac{L}{t_n - t_r} \cdot t - \frac{L \cdot t_n}{t_n - t_r} + Q_0 \quad t_r \leq t \leq t_n \tag{8-2}$$

式中:L 为立管受扰后下降的性能;Q_0 为立管的初始性能;t_r 为开始性能恢复的时间;t_n 为修复完成的时间。

(2)指数函数 r_2 应用于初始资源充足、救援速度快的情况,但资源补充不及时,后期资源匮乏,导致恢复速度下降:

$$Q(t) = Q_0 + \frac{L \cdot e^{-t_n}}{e^{-t_n} - e^{-t_r}} - \frac{L}{e^{-t_n} - e^{-t_r}} e^{-t} \quad t_r \leq t \leq t_n \tag{8-3}$$

(3)三角函数 r_3 应用于初始资源匮乏的情况,初始恢复速度较低,随着时间的推进,其恢复速度会随着系统重组及更多资源供给而加快,故实际工程中受灾受损恢复情况更接近于三角函数 r_3 的恢复过程:

$$Q(t) = \left(Q_0 - \frac{L}{2} \right) - \frac{L}{2} \cos \frac{\pi(t - t_r)}{t_n - t_r} \quad t_r \leq t \leq t_n \tag{8-4}$$

参考前文国内外学者的结构韧性建模,结合图 8-11 立管性能衰减曲线,建立立管的韧性恢复模型,韧性指标采用面积法计算,将立管受到扰动后的性能剩余总量(即 S_{ABCDE} 面积),与立管正常衰减的性能剩余总量(即 S_{ABCF} 面积)对比,根据韧性恢复图得到计算公式:

$$Re = \frac{S_{ABCDE}}{S_{ABCF}} \tag{8-5}$$

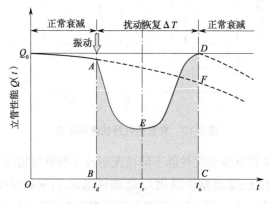

图 8-11 立管性能衰减曲线

根据该面积公式计算结构韧性指标,具体计算方法如下:

$$Re = \frac{\int_{t_d}^{t_n} Q(t)}{\int_{t_d}^{t_n} Q'(t)} \tag{8-6}$$

式中：$Q(t)$ 为立管经历扰动及恢复后的性能曲线；$Q'(t)$ 为立管未经历扰动的正常衰减曲线，韧性指标 Re 即为 $Q(t)$ 与 $Q'(t)$ 在 $t_d \sim t_n$ 阶段与横坐标轴包围的面积之比。计算立管性能绘制性能衰减曲线，通过以上公式即可得到立管韧性指标，从而判断立管受损后的韧性恢复能力。

8.3.2　恢复韧性等级划分

根据前文计算方法得到韧性指标后，需要对其韧性恢复水平进行评价。韧性指标的定义从直观上来看就是韧性衰减及恢复的面积与原有正常衰减面积的比值，故参考文献 [194] 的面积划分法，将韧性等级划分为高韧性 $Re > 1$、中韧性 $0.75 < Re \leqslant 1$、低韧性 $0.5 < Re \leqslant 0.75$ 和无韧性 $Re < 0.5$。详细的韧性等级划分说明见表 8-6。根据计算得到的韧性指标 Re，参考表 8-6 的等级划分进行初步韧性评价，如需对立管进行准确恢复水平评价，还需根据大量实际案例及数据支撑进行进一步修正。

表 8-6　立管结构韧性等级划分

韧性等级	级别	判断标准	详细描述
I	高韧性	$Re > 1$	立管结构抵御恶劣海洋环境的能力较好，受扰后性能下降不明显，仅需进行简单维修
II	中韧性	$0.75 < Re \leqslant 1$	立管结构抵御恶劣海洋环境的能力好，受扰后性能下降正常，经维修后性能可恢复至高韧性
III	低韧性	$0.5 < Re \leqslant 0.75$	立管结构抵御恶劣海洋环境的能力一般，受扰后性能下降明显，维修难度稍大，维修性价比低
IV	无韧性	$Re < 0.5$	立管结构抵御恶劣海洋环境的能力较差，受扰后性能大幅下降，无维修必要，考虑进行整管更换

8.3.3　缓波型立管韧性评估框架

针对目前缓波型立管发生的损伤问题，基于前文的分析结果，提出了立管结构韧性评估方法，详细评估框架如图 8-12 所示。

首先，建立立管的力学模型，考虑多种立管性能指标与韧性评估流程的匹配度，包括有效张力、疲劳寿命以及最小弯曲半径等；然后，选取立管易损点进行分析。由于性能衰减曲线 $Q(t)$ 中立管性能变化与时间相关，故考虑将立管模型置于不同时间的载荷作用中，探究立管疲劳寿命与受载时间的关系。将立管模型作用于不同时长的环境载荷里，时长间隔相同，保持一段时间正常载荷后改变环境载荷，模拟立管承受外部扰动的情况。对整个衰减过程每个时间点计算得到的疲劳寿命进行拟合，得到立管性能衰减曲线。

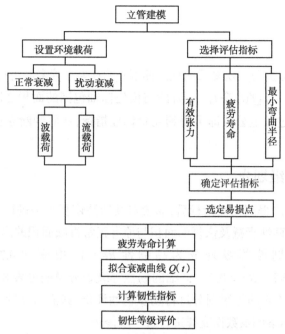

图 8-12　缓波型立管韧性评估框架

考虑实际工程恢复情况,确定立管性能恢复曲线。采用面积法计算该工况下立管的韧性指标 Re,参考规范对立管韧性等级进行划分。最后,根据计算得到的韧性指标 Re 对照立管韧性等级,确定维修的必要性。

8.4　案例分析

韧性理论应用到缓波型立管的受扰恢复过程上,需要在每个阶段适应缓波型立管的特性,本节将结合缓波型立管韧性评估框架进行数据量化,探究缓波型立管的韧性恢复水平。

8.4.1　缓波型立管性能指标选取

性能指标决定了立管性能衰减曲线的走向,是能否完成韧性评估的关键。

韧性评估性能指标通常从结构的某些特性指标中选取,这些指标的变化能直接反映立管安全性的变化。目前工程中常用的能反映立管结构安全的重要性能指标包括:危险位置有效张力、最小弯曲半径、疲劳寿命等。其中疲劳寿命不仅能反应立管的损伤情况,还能反应立管受损后的剩余性能,同时综合考虑多种荷载作用,工程中得到最广泛的运用。故本书选择立管的疲劳寿命进行接下来韧性评估可行性的探索。

为了探究立管疲劳寿命作为韧性性能指标完成立管韧性评估的可行性,对立管模型进行扰动模拟。立管模型参考单浮筒段 LwSCR 立管,具体参数见表 8-7。扰动采取的是环境载荷突增的形式,主要体现在波载荷及流载荷的增加,扰动发生前后的具体环境参数参见表 8-8。计算立管疲劳寿命依然采用 *S-N* 曲线及 Palmgren-Miner 线性累积损伤理论,*S-N* 曲线选取的参数参考表 8-1。

表 8-7　缓波型柔性立管参数

参数	数值	参数	数值
水深(m)	1 000	单位长度质量(kg/m)	180
立管总长(m)	2 000	浮筒段等效质量(kg/m)	90
立管内径(m)	0.350	轴向刚度 EA(kN)	4.16×10^6
立管外径(m)	0.386	弯曲刚度 EI(kN·m²)	3 420
浮筒段等效外径(m)	0.523	拖曳力系数 C_D	1.0
浮筒段总长(m)	200	附加质量系数 C_a	1.0

表 8-8　扰动发生前后的环境参数

扰动发生前		扰动发生后	
环境参数	数值	环境参数	数值
波浪谱	JONSWAP	波浪谱	JONSWAP
有义波高(m)	7.6	有义波高(m)	15.79
谱峰周期(s)	8.4	谱峰周期(s)	15.4
表面流速(m/s)	0.51	表面流速(m/s)	1.07
海底流速(m/s)	0.04	海底流速(m/s)	0.07

　　缓波型立管的易损热点位置包括悬挂点与触地点,悬挂点疲劳寿命基数小,可以清晰地看出受扰后的疲劳寿命变化,故选择悬挂点作为模拟点位,选取靠近悬挂点的 200 m 管长进行疲劳寿命分布分析。

　　选择缓波型立管扰动发生前对立管模型进行了 6 h 的模拟分析,时间步长取 0.1 s,假设立管所受扰动时长为 3 h,选取相同间隔的时间点对立管整管的疲劳寿命进行分析,如图 8-13 所示,时间间隔取 1 200 s。

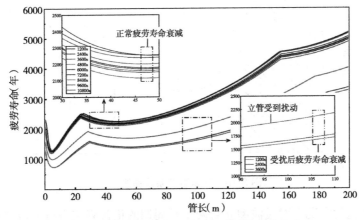

图 8-13　受扰前后立管悬挂点疲劳寿命分布

正常衰减阶段共有 9 条疲劳寿命曲线,随着载荷作用时间越长,立管受损程度越大,立管沿管长方向的疲劳寿命逐渐降低。可以由 30~50 m 的小图看出,立管疲劳寿命衰减的程度较低,也较为均匀。当立管受到扰动后,疲劳寿命发生较大的衰减,并且由 90~110 m 的小图可以看出受扰后在相同的时间间隔内,立管疲劳寿命衰减值较大,也较不均匀。由此可以看出,立管疲劳寿命衰减的数值以及速率均符合图 8-14 立管韧性评估模型 $0 \sim t_r$ 性能衰减阶段,故可以将疲劳寿命作为立管韧性评估的性能指标。

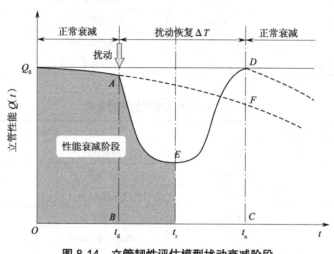

图 8-14 立管韧性评估模型扰动衰减阶段

8.4.2 性能正常衰减阶段曲线拟合

基于以上结论对立管进行疲劳寿命分析,首先进行立管正常衰减阶段的曲线拟合,对应图 8-15 中的 $0 \sim t_d$ 时间区间。

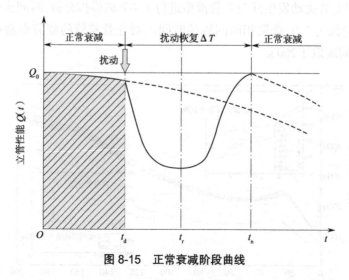

图 8-15 正常衰减阶段曲线

在扰动发生前的海况下对缓波型立管两个长周期的正常衰减进行模拟分析,得到沿时间分布的立管剩余疲劳寿命散点图,如图 8-16 所示。使用 Allometricl 分布模拟计算方法对疲劳寿命散点图进行非线性曲线拟合,Allometricl 分布的方程为

$$y = ax^b \tag{8-7}$$

式中:y 为立管剩余疲劳寿命;x 为荷载作用时间;a、b 为非线性方程待定参数。

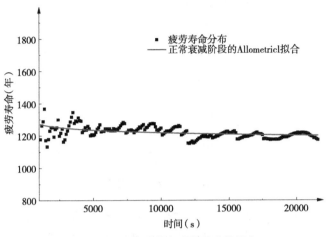

图 8-16　立管正常衰减阶段曲线拟合

结合图 8-16 计算得到的疲劳寿命散点图,进行迭代计算可得立管正常衰减阶段的非线性拟合曲线。总迭代次数为 3 次,拟合收敛,得到的各参数见表 8-9。

表 8-9　Allometricl 分布参数

模型	Allometricl
方程	$y = ax^b$
a	1 452.59 ± 33.96
b	−0.019 ± 0.002 6
迭代次数	3
Reduced Chi-sqr	1 049.232

Allometricl 分布中的各参数取均值,得到立管正常衰减下的非线性拟合曲线方程:

$$y = 1\,452.59x^{-0.019} \tag{8-8}$$

考虑立管材料所受疲劳损伤时间越接近 0,立管的疲劳寿命越趋于无穷大,前期的疲劳寿命分布呈现不稳定的状态,所以不考虑前 1 000 s 的疲劳寿命分布情况。由图 8-16 可知,立管的疲劳寿命随着外部载荷作用时间增长,呈现振荡下降的效果,下降幅度不高,使用 Allometricl 分布拟合后的曲线与图 8-15 正常衰减阶段曲线下降趋势大致吻合。

8.4.3　性能受扰阶段曲线拟合

对缓波型立管受扰后的疲劳寿命分布进行非线性曲线拟合,对应图 8-17 中的 $t_d \sim t_r$ 时

间区间。

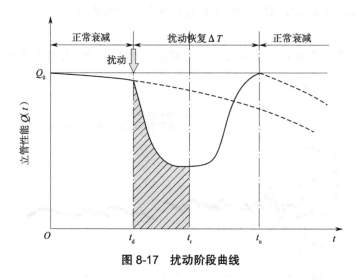

图 8-17 扰动阶段曲线

受扰模拟得到沿时间分布的立管剩余疲劳寿命散点图,如图 8-18 所示。为了更加贴合疲劳寿命散点图分布,采用 ExpDec1 分布进行非线性曲线拟合,ExpDec1 分布方程为

$$y = A_1 \times \exp\left(-\frac{x}{t_1}\right) + y_0 \tag{8-9}$$

式中:y 为立管剩余疲劳寿命;x 为载荷作用时间;A_1、t_1 与 y_0 为非线性方程待定参数。

结合图 8-18 计算得到的受扰后疲劳寿命散点图,进行迭代计算可得立管正常衰减阶段的拟合曲线。总迭代次数为 12,拟合收敛,得到的各参数见表 8-10。

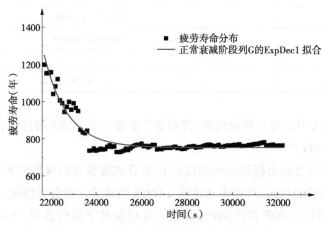

图 8-18 立管受扰后疲劳寿命衰减曲线拟合

表 8-10　ExpDec1 分布各参数

模型	ExpDec1
方程	$y = A_1 \times \exp\left(-\dfrac{x}{t_1}\right) + y_0$
y_0	753.92 ± 3.94
A_1	$(7.03 \pm 9.33) \times 10^{11}$
t_1	$1\,029.68 \pm 63.83$
迭代次数	12
Reduced Chi-sqr	$1\,008.39$

参考 ExpDec1 分布中的各参数的取值,考虑当扰动发生时与正常衰减曲线的衔接,得到立管正常衰减下的非线性拟合曲线方程:

$$y = 5.77 \times 10^{11} \times \exp\left(-\frac{x}{1\,029.68}\right) + 753.92 \tag{8-10}$$

8.4.4　恢复时间敏感性分析

目前,国内外针对立管受损后的恢复时间尚无学者进行研究,且缺乏一定的数据支撑,故考虑对立管恢复所用时间进行敏感性分析,探究恢复时间对韧性水平的影响。

恢复模型参考图 8-19 中的 3 种情况,选取最贴合实际的三角函数 r_3 进行韧性恢复模拟,三角函数恢复公式如下,根据正常衰减及扰动衰减的模拟情况可得到公式中的各参数见表 8-11。

$$Q(t) = \left(Q_0 - \frac{L}{2}\right) - \frac{L}{2} \cos \frac{\pi(t - t_r)}{t_n - t_r} \quad t_r \leqslant t \leqslant t_n \tag{8-11}$$

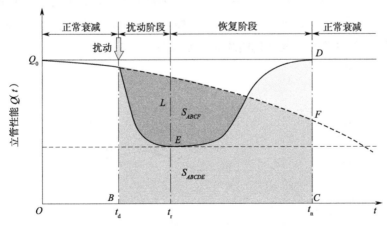

图 8-19　立管韧性评估面积法

表 8-11　三角函数恢复过程参数

模型	三角函数
方程	$Q(t)=\left(Q_0-\dfrac{L}{2}\right)-\dfrac{L}{2}\cos\dfrac{\pi(t-t_r)}{t_n-t_r}$
Q_0	1 273.92
L	519.98
t_r	32 400

由前文可知韧性指标采用面积法进行计算,即图 8-19 中 S_{ABCDE} 与 S_{ABCF} 的比值。当扰动时间 $t_d \sim t_r$ 确定以后,韧性指标随着 t_n 的变化而变化,为了探究韧性水平随时间的变化,以下对恢复时间进行敏感性分析。

韧性指标的计算与图 8-19 中 AF、AE、ED 3 条曲线有关,其中 AF 代表立管未受扰动性能自然衰减状态下的拟合函数,公式如下:

$$Q'(t)=1\,452.59t^{-0.019} \quad t_d \leqslant t \leqslant t_n \tag{8-12}$$

AE、ED 分别代表立管受扰后的性能下降曲线以及恢复曲线:

$$Q(t)=\begin{cases} 5.77\times10^{11}\times\exp\left(-\dfrac{t}{1\,029.68}\right)+753.92 & t_d \leqslant t \leqslant t_r \\ 1\,013.93-260\cos\dfrac{\pi(t-32\,400)}{10\,800} & t_r \leqslant t \leqslant t_n \end{cases} \tag{8-13}$$

根据面积法计算结构韧性指标:

$$Re=\frac{S_{ABCDE}}{S_{ABCF}}=\frac{\displaystyle\int_{t_d}^{t_n}Q(t)}{\displaystyle\int_{t_d}^{t_n}Q'(t)} \tag{8-14}$$

式中:$Q(t)$ 为立管经历扰动及恢复后的性能曲线;$Q'(t)$ 为立管未经历扰动的正常衰减曲线。

假设 a 为立管受扰时间,即 $a=t_r-t_d$。假设 $x=t_n-t_r$,以 x 为自变量,韧性指标 Re 为因变量,得到韧性指标随恢复时间变化曲线如图 8-20 所示。

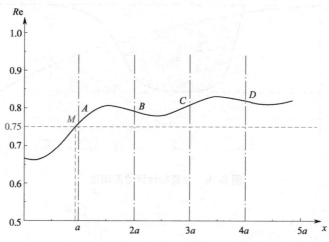

图 8-20　韧性指标随时间变化曲线

参考韧性等级划分,图 8-20 中 M 点对应中韧性时的临界线 $Re = 0.75$, M 点的横坐标对应 $x = 10\,203\,\text{s}$,即当 $x < 10\,203\,\text{s}$ 时立管韧性恢复能力处于低韧性的水平范围内。

以受扰时长 a 作为一个时间增量,图中模拟出接近 5 个受扰时长。当 $x < a$ 时,即立管恢复时长小于受扰时长时,立管基本处于低韧性的状态。采用面积法进行韧性指标计算,需要考虑的因素包括:扰动时立管剩余性能、立管性能自然衰减速率、性能恢复程度、恢复函数等。由于本节仅以时间作为变量考虑,其他因素皆采用定值,故在恢复初始阶段易产生误差,且工程中进行恢复决策取决于恢复所需时长,若采用较少恢复时长便可完成修复则无决策必要。综上所述,当所需恢复时长过短时,计算所得韧性指标对于决策的参考价值较低。

由图 8-20 可知,韧性指标随修复时间增加而波动上升,说明投入越多的维修时间对立管的韧性恢复效果会波动上涨,但上涨的幅度不大,且投入较高的维修时间会导致工程性价比较低。

出于工程性价比的角度而言,当 $a < x < 2a$ 时, Re 已处于较高水平,说明在该案例中维修恢复的最优时长为 1~2 个受扰时长。

8.5　本章小结

本书采用集中质量法建模,通过 OrcaFlex 建立 LwSCR 与 Shaped SCR 的静态构型,在受不规则波影响下,对比 LwSCR 与 Shaped SCR 及优化后的复合构型柔性立管整体及重点位置的动态特性,分析各复合构型立管的运动响应隔离效果,并计算各构型的疲劳寿命;使用韧性评估概念对立管的韧性进行计算,获得立管在特定海况下的韧性指标,并进行韧性水平评价。研究得到的结论如下:

(1)缓波型立管在浮子段的弯矩值随着高度逆差增高而增大,同时其整管有效张力分布水平下降。Shaped SCR 构型的重点位置垂向运动响应较低,相较于 LwSCR 构型,其立管质点在海流中稳定性更佳,但该构型暴露在海流中的立管长度更短,到达触地点的动态响应衰退量不足,故动态隔离效果更差。

(2)在一定范围内增加高度逆差能提高立管抵御疲劳损伤的能力,对于单波型立管而言,LwSCR 构型相比于 Shaped SCR 构型在悬挂点及触地点所受的疲劳损伤越小。多波型立管的各项疲劳性能相较单波型立管更优,其中以 LwSCR 与 Shaped SCR 的组合构型效果最好。

(3)缓波型立管韧性恢复的整个演化过程被划分为性能正常衰减阶段、扰动退化阶段、恢复阶段。考虑立管材料的复杂性及工程恢复的实际情况,扰动退化阶段及恢复阶段分别被细分为 4 类及 3 类,并列出结构韧性等级划分依据,为实际工程提供参考。

(4)以疲劳寿命作为缓波型立管韧性评估中的性能衰减指标,拟合得到其受扰后的性能退化类型属于微塑性退化,说明立管受扰初期结构抗破坏能力较强,随后其性能下降速率逐渐增大。考虑实际维修情况选取三角函数作为恢复函数进行恢复阶段敏感性分析,结果表明该案例中维修恢复的最优时长为 1~2 个受扰时长。

本章部分图例

说明:为了方便读者直观地查看彩色图例,此处节选了书中的部分内容进行展示。页面左侧的页码,为您标注了对应内容在书中出现的位置。

第9章 基于动态贝叶斯网络的深水立管失效韧性评估

9.1 引言

深海立管系统在服役过程中具有较大的风险性,采用更加系统的思维对立管系统进行评价和管理,有助于立管系统的安全运行。本章通过引入韧性理念,探讨和研究立管系统韧性,提炼出适用于深海立管系统韧性的概念,搭建立管系统韧性评估框架。同时,采用贝叶斯网络方法来辅助评估,贝叶斯网络是一种有效的概率推理以及决策工具,可描述多态性、非确定性逻辑关系,既能用于推理,也能用于诊断,目前广泛应用于安全评估领域。本章将对动态贝叶斯网络基本理论进行介绍,立管系统韧性评估理论框架。

9.2 动态贝叶斯网络基本理论

本书选用动态贝叶斯网络进行计算和分析的原因主要有两个:一是导致深海立管失效的原因众多,有些原因随着时间积累而变化,是一个动态的过程;二是立管失效存在一定的不确定性,以及风险因素、历史数据记录的不完整性。动态贝叶斯网络所具有的特点可以相应地解决上述问题:动态贝叶斯网络中含有时间片功能,表示不同的时刻,相应的节点设置动态概率,可以很好地表示立管的失效过程。动态贝叶斯网络作为概率工具,适用于处理不确定性问题。

9.2.1 动态贝叶斯网络定义

贝叶斯网络是以概率论和图论方法为基础,进行不确定性时间的分析和推理的概率模型,由节点和连接节点的有向边构成。贝叶斯网络用二元组 $BN=(G,P)$ 来表示,其中 $G=(N,E)$ 用来对网络结构进行定性的描述,代表一个有 N 个节点的有向无环图,E 为有向无环图中边的集合;P 表示节点间的逻辑关系,即目标节点与其父节点的关联程度,当讨论的节点为离散变量时,条件概率表为离散性概率分布函数,即条件概率概率分布表。

根据贝叶斯网络中各节点间的条件独立性假设,有

$$P(B_i \mid B_1, B_2, B_3, \cdots, B_{i-1}) = P(B_i \mid Pa(B_i)) \quad i=1,2,3,\cdots,n \tag{9-1}$$

$$P(B) = \prod_{i=1}^{n} P(B_i \mid Pa(B_i)) \tag{9-2}$$

式中:$Pa(B_i)$ 为节点 B_i 的父节点集。

动态贝叶斯网络(Dynamic Bayesian Network, DBN)是建立在静态贝叶斯网络和马尔可夫模型基础之上的,通过引入描述动态行为随时间的变化来扩展静态贝叶斯网络。动态贝叶斯网络包含多个时间片,每个时间片段都包含一个静态贝叶斯网络,不同时间片中变量间的时间链接表示变量之间的时间概率转移关系。

图 9-1 展示了动态贝叶斯模型的一般结构。在 $t_0 \to t_1$ 时刻, $X \to Y$ 的关系用参数模型中的条件概率去描述; $t_0 \to t_1$ 时刻, $X(t_0) \to X(t_1)$, $Y(t_0) \to Y(t_1)$ 用转移概率来描述。贝叶斯网络中两个时间片的转移概率 $P(X_t \mid X_{t_1})$ 可表示为

$$P(X_t \mid X_{t_1}) = \prod_{i=1}^{N} p(X_t^i \mid Pa(X_t^i)) \tag{9-3}$$

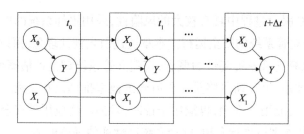

图 9-1　动态贝叶斯网络

动态贝叶斯网络包含了两个基本假设。

(1)一阶马尔科夫假设:各节点之间的有向弧只能位于同一个时间内,或位于相邻时间片之间,中间不能跨越时间片。

(2)时齐性假设:转移网络中的转移概率不受时间 t 影响,未来时刻与之前时刻的状态无关。

将动态贝叶斯网络模型展开直到 T 时刻,联合密度分布函数为

$$p(X_{1:T}) = \prod_{t=1}^{T}\prod_{i=1}^{N} P(X_t^i \mid Pa(X_t^i)) \tag{9-4}$$

式中: X_t^i 为第 i 个节点在 t 时刻; $Pa(X_t^i)$ 为 X_t^i 的父节点。

9.2.2　动态贝叶斯网络模型构建

动态贝叶斯网络模型的构建主要包括结构建模和参数建模两方面内容,具体分为以下几个步骤。

1. 结构建模

1)确定贝叶斯网络节点

深海立管系统服役环境复杂,影响其失效的因素非常多,为了有效地描述事故发生及发展过程,需要尽可能囊括所有对研究对象有影响的变量,以这些变量作为贝叶斯网络节点。

2)构建有向无环图

确定贝叶斯网络节点后,需进一步判断节点之间的关系,并以图的形式表示出来。以深

海立管失效概率模型为例,立管失效与导致其失效的事故之间为因果关系,将有向边由原因变量指向结果变量,构建有向无环图,从而实现贝叶斯网络的构建。

2. 参数建模

1)确定条件概率

贝叶斯网络结构模型构建完成后,需要确定贝叶斯网络参数模型,包括根节点先验概率,以及节点间条件概率。先验概率表示基于历史数据或专家经验的预测概率,条件概率表示父节点与子节点的关联程度。

2)确定转移概率

贝叶斯网络参数模型构建完成后,即可得到完整的贝叶斯网络模型(静态)。为了准确反应节点的动态变化过程,需要将静态贝叶斯网络转化成动态贝叶斯网络,因此引入转移概率,转移概率表示节点状态在转移过程发生的概率变化,可以根据专家经验进行设置。通过转移概率的设置,将静态贝叶斯网络拓展成为包含时间序列的动态贝叶斯网络。

9.2.3　动态贝叶斯网络推理

动态贝叶斯网络 3 种重要的推理模式:因果推理、诊断推理和辅助决策推理。

(1)因果推理,是在建立了动态贝叶斯网络模型之后,给定父节点状态的先验概率值,然后按照所设置的学习算法对子节点概率进行推算,最终推理出顶事件节点的概率值。由于该过程是由原因推断结果,因此称为因果推理。因果推理广泛应用于动态贝叶斯网络预测方面。

(2)诊断推理,是指假设子节点发生的情况下(即概率为 100%),逆向推理父节点的可能发生概率。由于该过程是根据子节点发生概率来推断父节点概率,因此该过程被称为诊断推理。诊断概率主要应用于故障诊断方面。

(3)辅助决策推理,也叫支持推理,是指假设某一节点 C,有父节点 A 和 B,在节点 C 概率确定的情况下,利用诊断推理方法能够计算节点 A 和 B 的发生概率,但如果 A 的概率值也确定,那么节点 B 的概率值是不确定的,使 A、B 不确定,计算 $P(A|B, C)$ 的过程称为支持推理。辅助决策推理主要用于确定对顶事件影响最为敏感的变量节点,为决策者在进行决策时提供参考意见。

9.3　立管系统韧性评估框架构建

9.3.1　立管系统性能量化

立管系统韧性是指立管系统在恶劣海洋环境下服役或遭受风险冲击时,在可接受的性能退化范围内抵御干扰,并在遭到破坏后及时调整,在适当的时间内恢复正常运营的能力。为了更好地对立管系统韧性进行说明,有必要对立管系统韧性进行量化。本书所述立管系统韧性量化主要从两方面考虑,一是可靠性,二是恢复性,所提出的韧性值是立管系统可靠

性和恢复性的总体体现,由可靠能力和恢复能力共同计算得到:

$$Re = R_1 + R_2 \qquad\qquad (9-5)$$

式中:Re 为韧性值(Resilience);R_1 为立管系统可靠能力(Reliability);R_2 为立管系统恢复能力(Restoration)。分别计算影响两个能力的各个因素,确定两个能力值,最终确定立管系统韧性值。可靠能力指立管系统在服役期间抵抗恶劣环境的能力;恢复能力指立管系统在失效后,通过维修等手段,恢复到正常性能水平的能力。

立管结构性能是衡量立管系统韧性的重要指标,在目前关于韧性量化的方法中,大多数学者都采用系统性能指标作为衡量韧性的重要依据。在外部荷载作用、管内介质及周围环境影响下,立管系统的性能会随着时间的推移而下降,随着维修等恢复措施的进行,立管系统性能又会逐渐恢复,立管系统韧性量化模型示意图如图 9-2 所示,可以大致分为两个时期——退化期和恢复期,以下详细分析立管系统在不同时期的变化特点。

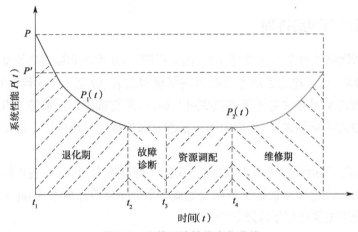

图 9-2　立管系统性能变化曲线

(1)退化期(t_1—t_2)。该时期是立管系统在服役期间性能缓慢下降的时期。由于深海立管系统服役环境恶劣,不断受到外部环境载荷、运行载荷等因素的影响,立管结构的性能随时间变化,呈缓慢下降趋势,直至不能正常运行,该时期定义为退化期。

(2)恢复期(t_2—t_5)。该时期是立管系统性能下降到一定程度后采取恢复措施进行恢复的时期。当立管不能正常运行时,采取相应的恢复措施使立管恢复运营,立管系统随着恢复措施的实施逐渐提高。值得注意的是,维护后系统性能 P' 有 3 种可能的情况:一是经过维护后,系统性能高于之前;二是和之前持平;三是比之前略有下降。考虑到对于海洋结构物而言,服役环境比较恶劣,即便在维护后也很难达到之前的水平,因此图中仅以第三种情况为例。根据立管系统恢复过程划分,恢复期可以分为 3 个阶段。

(1)故障诊断阶段。该阶段是立管失效发生时,识别系统中失效组件和失效模式的阶段。通过对常规地质地貌调查以及潜水员水下检测等方法进行探查,识别立管故障,为后续调配资源及维修阶段做准备。在故障诊断阶段,立管性能基本保持不变,诊断能力的量化由诊断方法、诊断时间和诊断准确度决定。

（2）资源调配阶段。该阶段是对立管系统进行正确诊断后获取足够资源以备后续维修的阶段。海底设备维修风险大，技术要求高，需要专业的项目管理团队、技术支持团队、备件供应团队和施工团队。另外，资源调配所需时间受基础设施的设计、所需额外资源的数量等影响。在资源调配阶段，立管性能仍保持不变，资源调配能力由所需资源量、可用资源量以及资源获取时间决定。

（3）维修阶段。该阶段是在完成资源调配后正式进行维修的阶段。根据管道破坏形式的不同，维修方式也有所不同，包括停产维修、不停产维修以及整管更换等。随着维修的进行，立管系统性能逐渐恢复。在不考虑维修成本的情况下，维修能力的量化取决于维修成功率和维修时间。

在立管系统性能曲线的基础上，可以进一步进行量化分析。如前文所述，本章在计算立管系统韧性过程中，分为两个阶段：退化过程和恢复过程。两个阶段的性能曲线分别为退化曲线 $P_1(t)$ 和恢复曲线 $P_2(t)$。在退化阶段的抵抗能力可以由立管的可靠性能力体现，由可靠性曲线面积积分与初始性能 P 和时间乘积的比值计算得到；恢复阶段的恢复能力由恢复曲线与维护后稳定状态 P' 和对应时间乘积的比值计算得到。数学表示分别如下：

$$R_1 = \frac{\int_{t_1}^{t_2} P_1(t)\,\mathrm{d}t}{P \times (t_2 - t_1)} \tag{9-6}$$

$$R_2 = \frac{\int_{t_2}^{t_5} P_2(t)\,\mathrm{d}t}{P' \times (t_5 - t_2)} \tag{9-7}$$

式中：R_1 为可靠性指标；R_2 为恢复指标；P 为立管系统初始性能；P' 为恢复后性能；t_1—t_2 为退化阶段；t_2—t_5 为恢复阶段，其中包含故障诊断阶段、资源调配阶段和维修阶段。

在可靠能力和恢复能力的基础上可以进行韧性的量化：

$$Re = R_1 + (1 - R_1) \times R_2 \tag{9-8}$$

式中：Re 为韧性值；R_1、R_2 分别为立管系统可靠能力和恢复能力。

一般来说，韧性较强的立管系统，恶劣情况对其的消极影响较小，只需较少的投入就能使立管系统恢复正常水平。通过上式看出，当恢复能力 R_2 越大时，韧性指标 R 越大，如果恢复指标 R_2 可以达到 100%，也就是表明在失效事件发生后，几乎不需要恢复时间，系统性能将在瞬间恢复至原水平，这种情况下的韧性指标即为 1。

综上所述，通过对立管系统性能曲线进行定量分析，可以实现对立管系统韧性的量化。但在实际工程中，立管系统的退化及恢复过程数据较难获取，为解决该问题，引入贝叶斯网络理论进行概率分析，以实现对立管系统性能的全面评估。

9.3.2　基于贝叶斯理论的韧性评估框架

根据立管系统韧性评估理论，结合立管系统工程实际，构建韧性评估框架如图。"总体韧性指标"在第一层考虑，该指标是由可靠性和恢复性指标确定的，因此"可靠性指标"和"恢复性指标"在第二层考虑。进一步，可靠性指标的确定需要对立管系统进行风险因素辨识和退化过程分析,恢复性指标的确定需要对立管系统恢复过程分阶段考虑,因此第三层指标为影响两通用指标的因素。接下来以此类推,进一步确定影响第三层的因素,构建框架第四层,最后直至最后一层基础影响因素。

框架搭建完成后,从最后一层逐级向上,直至得到韧性总指标,整体的韧性评估框架如图9-3所示。下面介绍从下至上的具体评估流程,如图9-4所示。

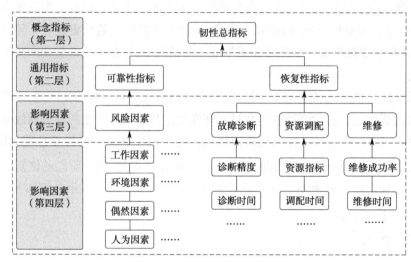

图9-3 立管系统韧性评估框架

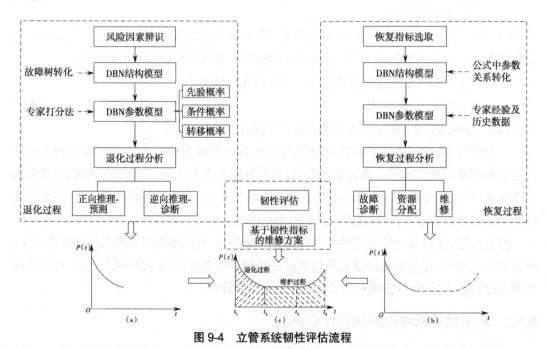

图9-4 立管系统韧性评估流程

第一,为了获取可靠性指标,需要对立管系统退化过程进行分析,具体步骤如下。

(1)风险因素辨识。影响立管系统可靠性的风险因素包含多个方面:工作因素、环境因素、偶然因素、人为因素等，需要对各种风险因素进行辨识并依据辨识结果构建立管失效故障树。

（2）建立退化过程 DBN 结构模型。分析风险机理和事件间的发展关联，确定变量及变量间关系，得到立管失效故障树，并将故障树转化为贝叶斯网络。

（3）建立退化过程 DBN 参数模型。依据历史数据及专家经验确定贝叶斯网络参数，包括基本事件先验概率、条件概率表、时间片之间的转移概率。

（4）失效过程分析。根据动态贝叶斯网络推理功能进行立管失效过程的预测和诊断分析，得到退化过程曲线，最后基于此进行可靠性指标计算。

第二，为了获取恢复性指标，需要对立管系统维护过程进行分析，具体步骤如下。

（1）恢复指标选取。影响恢复过程的主要因素包含在恢复过程的不同阶段内，包括故障诊断、资源分配和维修阶段。

（2）建立恢复过程 DBN 结构模型。以恢复指标为节点构建贝叶斯网络，将故障诊断能力、资源分配能力、维修能力作为节点，根据节点间公式关系，构建贝叶斯网络。

（3）建立恢复过程 DBN 参数模型。根据专家经验及历史数据获得节点参数及概率分布。

（4）恢复过程分析。根据所构建的贝叶斯网络进行维护过程的分析，得到性能恢复曲线，并基于此进行恢复性指标计算。

第三，将退化过程和维护过程结合起来即可进行韧性值的计算。

在退化阶段，随着立管服役年限的增加，立管的失效概率逐渐加大，可靠性逐渐下降，如图 9-4（a）所示；在维护阶段，随着故障诊断、资源调配和维修工作的进行，立管系统性能逐渐恢复，可靠性逐渐提升，如图 9-4（b）所示；两曲线结合可以得到整体的立管性能变化曲线，如图 9-4（c）所示，该曲线一方面可以显示出所立管系统退化过程中的可靠性变化，另一方面可以体现出恢复过程中故障诊断能力、资源调配能力、维修能力以及恢复程度。

随着海洋油气等资源开采水深的增加，不同结构形式的海洋平台应运而生，包括张力腿平台、半潜式平台、Spar 平台等。然而，无论是哪种形式的海洋平台，都需要立管来输送海底石油天然气等工作介质，海洋立管就像一条海中动脉，在油气开采过程中起到十分关键的作用。目前，可以适应深海恶劣环境的立管形式主要有 3 种（表 9-1）：顶张紧式立管、柔性立管以及钢悬链线立管。其中，钢悬链线立管因结构简单、造价较低、便于施工等优点，被广泛应用于国内外深海油气开采中。因此，本书选择深海钢悬链线立管作为研究对象，研究其长期服役状态下的韧性评估问题。

深海钢悬链线立管（Steel Catenary Riser，SCR）可以分为 4 种基本形式（图 9-5）：简单悬链线立管（Simple Catenary Riser）、缓波悬链线立管（Lazy Wave Catenary Riser）、陡波悬链线立管（Steep Wave Catenary Riser）、L 形悬链线立管（L Catenary Riser）。其中，简单悬链线立管是最简单的 SCR 立管形式，它的上端通过柔性接头自由悬挂在浮式平台结构外侧——无须跨接软管或液压气动张紧装置，下端直接与海底生产系统相连——无须海底柔性接头或应力接头，中间部分在重力作用下自然延伸；在简单悬链线立管的基础上，增加浮体装置即可得到"缓波悬链线立管",增加的浮体装置可以使立管部分管段上浮,从而减小立管顶部张力,适用水深更大;"陡波悬链线立管"也是通过设置浮体装置,使立管与海底接触前形成较大弧度,适用水深可达 3 000 m。

表 9-1　常见立管形式

立管类型	适用性	经济性
顶张紧式立管	适用深度 <1 500 m,难以适应浮体水平漂移和垂向升沉运动,需要顶部张力补偿	施工难度较大成本较高
柔性立管	适用水深 > 1500 m,可以适应浮体的水平漂移和垂向升沉运动,但对管道内部高温高压工作环境适应性较差,技术尚不成熟	施工难度较大成本较高
钢悬链线立管	适用水深可达 3 000 m,可适应浮体的水平漂移和垂向升沉运动,同时也适用于高温高压等工作环境	施工难度较小成本较低

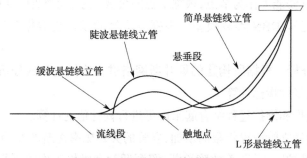

图 9-5　钢悬链线立管结构形式

9.4　立管系统性能退化模型研究

9.4.1　立管系统失效风险因素辨识

由于深海海域水文和气象条件极端复杂,深海立管的服役环境十分恶劣,风、浪、流等都将成为影响深海立管运行安全的重要因素;同时,由于深海立管内部所运输的介质为石油天然气等高温高压工作介质荷载,也对立管有着极大的破坏作用;此外,落物撞击、立管干涉等偶然事件也可能造成立管的失效。因此,对立管系统的运行进行评估和管理,最首要的步骤是对其可能发生的风险进行分析。本书依据挪威石油管理局《立管完整性管理推荐规范》以及国家能源局颁布的《油气输送管道完整性管理规范》,结合海洋立管风险评估先关研究,将立管的失效模式分为 4 个方面,即工作因素、环境因素、偶然因素、人为因素,如图 9-6 所示。

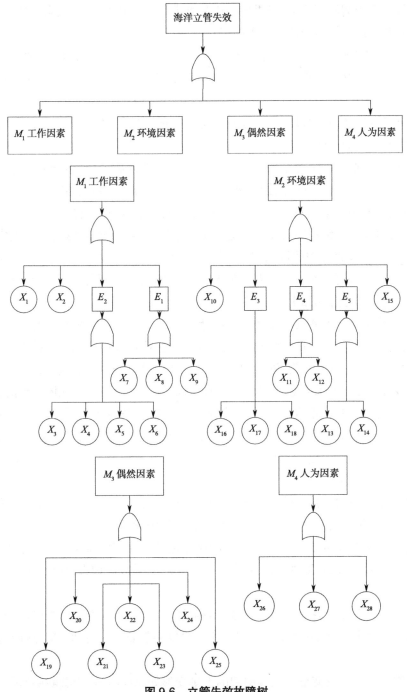

图 9-6　立管失效故障树

1. 工作因素

工作因素指以高温高压油气为代表的工作介质载荷引起的结构破坏,也称运行过程中导致立管失效的因素,主要包括:管内介质流速过快、温度变化引起应力过大、管道内腐蚀以及严重段塞流。其中,管道内腐蚀可以进一步划分为:管内介质腐蚀、管材抗蚀性差、立管内涂层过薄、管内抑制剂使用不当;严重段塞流又可进一步划分为:气体被阻导致流动中断、立管底部压力增加过大、管内介质流动不稳定。

（1）管内介质流速过快。在立管运行过程中,管内为高温高压环境,石油天然气等工作介质流速过快时,会达到立管共振的临界流速值,引发立管结构共振,从而导致立管的屈曲破坏。

（2）温度变化引起应力过大。当立管内部与外部介质的温差过大时,也容易引发立管共振,进而引起立管的屈曲破坏。

（3）管道内腐蚀。立管通常为钢质材料,容易发生金属腐蚀,根据管道所处环境和输送介质特性,可以分为内腐蚀和外腐蚀两种情况。内腐蚀一般发生在管道内壁,由于管道中含有可能引发化学和电化学腐蚀的物质,以及输送介质温度、流速、流量、压力等参数的变化,都会对管道的内腐蚀起到不同程度的促进作用。立管内输送介质所含有的二氧化碳和硫化氢等酸性气体是引起管道内腐蚀的主要原因。此外,管内涂层过薄和管内抑制剂使用不当也是导致管道发生内腐蚀的重要因素。对于以上原因来说,时间是一个重要因素,随着时间的推移,管道内腐蚀会持续加重。

（4）严重段塞流。严重段塞流是指管内液体在立管底部聚集堵塞管道形成液塞,上游油气不能通过立管;当上游压力大于立管液塞静压时,液塞被推动从顶部排出;随着聚集液体量的减少,上游气体进入立管,液体加速排出;由于气体和液体交替流动,充满整个管道流通面积的液塞被气团分割,在管道出口处交替出现断流,以及强烈的气体脉动的情况,导致油气管道和下游设备被间歇性应力冲击,从而对立管造成破坏严重段塞流会导致井口回压增大、降低油气产量、加剧管道内腐蚀,当流体温度低于环境温度时,管内会形成水合物堵塞管道,严重段塞流还可能导致立管接头发生机械损伤。

2. 环境因素

环境因素指以海流、海风、波浪等海洋环境载荷造成的立管失效,主要包括:风、浪、流等环境载荷、地震引起的土壤变形、管道外腐蚀。其中海浪导致的波浪力过大以及波浪反复作用导致的立管疲劳是主要的基本事件;海流引起的拖曳力过大和涡激振动导致的立管疲劳也有可能诱发立管失效;管道外腐蚀主要是由海水腐蚀、阴极保护失效以及立管外涂层过薄所导致。

（1）风、浪、流等环境载荷。深海海域环境条件恶劣,经常发生台风等极端天气,在巨大的风力以及波浪力作用下,深海立管容易产生大尺度的强非线性运动响应,从而造成立管过载断裂。

（2）地震引起的土壤变形。地震引起的土壤变形如海底滑坡、土壤断层错位等,均会导致海底管道产生局部缺陷。

（3）管道外腐蚀。海洋立管长时间处于海水环境中,其表面与四周海水介质接触,在化学或电化学反应下导致立管表层金属破坏。除海水环境外,海底土壤也会对掩埋的海底管线造成腐蚀。根据腐蚀破坏程度可以分为点腐蚀、局部腐蚀和全面腐蚀。在各种腐蚀缺陷中影响最大的是点状腐蚀缺陷,它主要表现为小孔,且具有较小的比表面积,其长度与深度非常接近,是多种腐蚀缺陷发展的最原始形态。局部腐蚀主要集中于金属表面的某些区域,而剩余的部位则几乎未被破坏。全面腐蚀也被称作均匀腐蚀,是指腐蚀现象均匀地分布在金属的整个表面,面积大、深度均匀并且无明显突变,通常用年腐蚀深度或者腐蚀速率来对腐蚀程度进行描述。

3. 偶然因素

偶然因素指火灾、爆炸、落物撞击、立管干涉等偶然因素导致的立管失效,主要包括:船舶碰撞、锚撞击、落物撞击、火灾、爆炸、平台大幅度移位、立管干涉。

(1)船舶碰撞、锚撞击、落物撞击。根据 Tebbet《最近五年钢制平台的修理经验》中对世界上 100 起需要修理的海洋结构物损伤原因进行分析可知,约 1/4 的海洋结构物损伤是碰撞引起的。由于过往船只的航行失误,或由于风、浪、流等影响,使之在停靠平台时与海洋平台发生碰撞,都可能会引起平台及立管失效。锚撞击、落物撞击等偶然载荷也可能引起立管失效。

(2)平台大幅度移位。在风、浪、流等载荷作用下,深海浮式平台会发生较大幅度的漂移运动,例如浮式生产储油装置的漂移幅度甚至可以达到作业水深。平台大幅度漂移将会带动立管运动,从而对立管系统的运行造成影响。例如,浮体受海风和海流影响而大幅度漂移,将会引起立管触地点位置发生改变;浮体在波浪下小幅度振荡,会导致触地点区域管道与海底土体发生循环摩擦运动,从而使得该区域的应力和弯矩值急剧增大并最终使立管发生疲劳断裂破坏。同时,海洋平台的垂荡运动也会造成深海平台立管触地点的疲劳断裂破坏,但值得注意的是,随着水深的增加,浮式平台运动对立管触地区域疲劳断裂破坏的影响程度会越来越小。

(3)立管干涉。立管干涉即立管之间发生碰撞,可导致立管局部出现凹陷损伤,在立管整体弯曲的共同作用下,使立管的极限承载能力降低,从而导致立管使用寿命缩减。在一般的设计理念中,是不允许立管发生碰撞的,考虑到经济性等问题,在 DNV-PR-F203 中,有关于允许立管发生碰撞的理念,前提是需要校验立管的碰撞结构强度以及疲劳、极限载荷、磨损等情况。在实际工程中,立管通常密集布置,以我国南海流花油田为例,流花油田群共包含 18 根动态管缆,布置十分密集,因此需考虑立管干涉问题。

4. 人为因素

人为因素指由于人员管理不当导致等因素导致的立管失效,主要包括:运营制度缺陷,人员素质原因,设计、制造、储运过程中造成缺陷。

(1)运营制度缺陷。根据美国海洋平台立管事故统计,1994—2013 年发生的 66 起立管事故中,有 28 起可以归因于"管理不善",占比达 42%,由此可见加强管理与运营制度完善的重要性。立管系统的管理包括构建安全文化、设置管理目标、建立组织结构,规范设施管理、作业管理、信息管理、应急管理、人员管理等方面。

(2)人员素质原因。在个人层面上,人员的专业知识、技能水平、工作经验,甚至工作及生活压力都有可能对人为操作的准确性造成影响,从而导致事故的发生。

(3)设计、制造、储运过程中造成缺陷。在立管设计过程中,人员资质不足可能导致立管结构形式或材料等不能适应恶劣的海洋环境,从而使立管发生失效;在立管制造过程中,制造人员技术水平不足可能导致立管质量差,不能满足立管运行所需强度,从而发生失效;在储运过程中,操作不当可能导致立管发生局部缺陷,在立管整体弯曲的共同作用下,局部缺陷会使立管的极限承载能力降低,造成立管局部或整体失效。

基于以上风险因素,构建立管失效故障树如图,基本事件及中间事件见表 9-2 和表 9-3。

表 9-2　基本事件

编号	底事件名称	编号	底事件名称
X_1	管内介质流速过快	X_{15}	地震引起土壤变形
X_2	温度变化引起应力过大	X_{16}	海水腐蚀
X_3	管内介质腐蚀	X_{17}	立管外涂层过薄
X_4	管材抗蚀性差	X_{18}	阴极保护失效
X_5	立管内涂层过薄	X_{19}	船舶碰撞
X_6	管内抑制剂使用不当	X_{20}	锚撞击
X_7	气体被阻导致流动中断	X_{21}	落物撞击
X_8	立管底部压力增加过大	X_{22}	火灾
X_9	管内介质流动不稳定	X_{23}	爆炸
X_{10}	风力过大	X_{24}	平台大幅度移位
X_{11}	波浪力过大	X_{25}	立管干涉
X_{12}	波浪反复作用导致疲劳破坏	X_{26}	运营制度缺陷
X_{13}	拖曳力过大	X_{27}	人员素质原因
X_{14}	涡激振动导致立管疲劳	X_{28}	设计、制造、储运过程中造成缺陷

表 9-3　中间事件

编号	中间事件名称	编号	中间事件名称
M_1	工作因素(运行过程中失效)	E_1	严重段塞流
M_2	环境因素	E_2	管道内腐蚀
M_3	偶然因素	E_3	管道外腐蚀
M_4	人为因素	E_4	海浪
—	—	E_5	海流

9.4.2　退化过程 DBN 模型构建

1. 结构模型

利用贝叶斯网络进行立管退化过程建模主要分为两部分:结构建模和参数建模。DBN结构模型可以由故障树转化而得,具体转化关系如图 9-7 所示。首先,根据历史数据和专家经验,针对研究对象建立故障树。其次,将故障树转化为贝叶斯网络,其中顶事件对应叶节点,中间事件对应中间节点,基本事件对应根节点,每层节点间的条件概率关系可由事件间的逻辑关系得到。

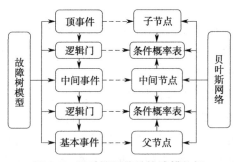

图 9-7　贝叶斯网络结构建模依据

　　前一节中归纳总结导致 SCR 失效的因素主要有 4 个方面:工作因素、环境因素、偶然因素、人为因素。管道腐蚀是导致 SCR 失效的重要原因,且腐蚀程度会随着服役年限的增加而不断积累,而静态贝叶斯网络不能准确反映腐蚀节点的动态变化过程,因此引入马尔科夫模型。马尔科夫过程是一类随机过程,其特性是:在已知目前状态的条件下,它未来的演变不依赖于以往的演变。管道腐蚀过程满足这一特性,管道下一阶段的状态与过往状态无关,只与上一时间段状态有关。因此将马尔科夫模型与传统静态贝叶斯模型相结合,建立了动态贝叶斯网络模型,如图 9-8 所示。该贝叶斯网络由节点和有向连接线组成:节点表示影响 SCR 失效发生的事件,由节点名称和节点概率分布表组成;有向连接线表示事件间的作用关系。由父节点指向子节点表示父节点导致子节点发生。

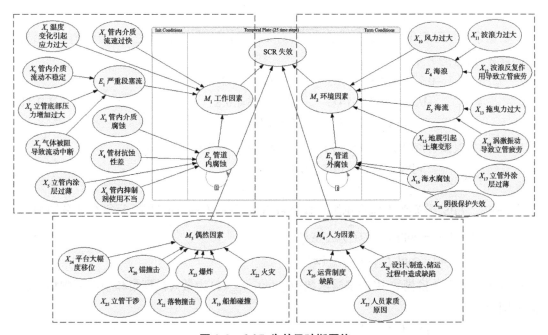

图 9-8　SCR 失效贝叶斯网络

2. 参数模型

DBN 参数模型包括先验概率、条件概率、转移概率。

1）先验概率

先验概率是指基本事件发生的概率，可以根据历史数据或专家经验获取，本书主要通过专家打分法来确定基本事件发生的可能性大小，并通过模糊数法将专家评语进一步转化为概率值，由此得到基本事件的先验概率。

在专家打分阶段共邀请海洋工程领域的 5 位专家，每位专家对基本事件发生的可能性进行描述，如小、较小、中、大、较大等。接下来利用模糊集理论，将每位专家针对基本事件的评语，用语言变量的形式表示出来，并将语言变量转换成对应的模糊数；然后进行模糊数聚合，本书对各位专家的打分结果取相同权重进行聚合，然后完成去模糊化步骤，其中具体公式如下。

专家评分意见的综合模糊数 W 所对应的隶属函数

$$f_W(x) = \begin{cases} \dfrac{z-0.193}{0.1} & 0.193 < z \leqslant 0.293 \\ 1 & 0.293 < z \leqslant 0.314 \\ \dfrac{0.414-x}{0.1} & 0.314 < x \leqslant 0.414 \\ 0 & 其他 \end{cases} \quad (9\text{-}9)$$

故障树基本风险事件模糊失效概率（Fuzzy Failure Probability, FFP）可表示为

$$\text{FFP} = \begin{cases} \dfrac{1}{10^k} & \text{FPS} \neq 0 \\ 0 & \text{FPS} = 0 \end{cases} \quad (9\text{-}10)$$

根据余建星等提出的改进的计算方法，对 k 值进行计算，该方法更适用于海洋工程结构物的计算，改进的 k 如下：

$$k = \begin{cases} -0.721\ln \text{FPS} + 2.839 & 0 \leqslant \text{FPS} < 0.2 \\ -1/3 \times (10\text{FPS}-14) & 0.2 \leqslant \text{FPS} \leqslant 0.8 \\ [(1-\text{FPS})/\text{FPS}]^{0.445} \times 3.705 & 0.8 < FPS \leqslant 1 \end{cases} \quad (9\text{-}11)$$

式中：FPS 为模糊可能性分数（Fuzzy Possibility Score, FPS），计算公式为

$$\text{FPS}(w) = \dfrac{\left| \text{FPS}_R(w) + 1 - \text{FPS}_L(w) \right|}{2} \quad (9\text{-}12)$$

其中，FPS_R、FPS_L 分别为专家意见综合模糊数 W 的左右模糊可能性值，计算公式分别为

$$\text{FPS}_R(w) = \sup\left[f_w(x) \wedge f_{\max}(x) \right] \quad (9\text{-}13)$$

$$\text{FPS}_L(w) = \sup\left[f_w(x) \wedge f_{\min}(x) \right] \quad (9\text{-}14)$$

其中，$f_w(x)$ 为综合模糊数 W 的隶属函数；$f_{\max}(x)$、$f_{\min}(x)$ 为最大模糊集和最小模糊集，其公式分别为

$$f_{\max}(x) = \begin{cases} x & 0 < x < 1 \\ 1 & 其他 \end{cases} \quad (9\text{-}15)$$

$$f_{\min}(x)=\begin{cases}1-x & 0<x<1 \\ 1 & \text{其他}\end{cases} \tag{9-16}$$

通过以上公式将模糊数转化为基本事件的模糊失效概率,即基本风险事件的先验概率,见表 9-4。

表 9-4　基本事件先验概率

编号	基本事件名称	FPS	FFP
X_1	管内介质流速过快	0.308 354 545	0.000 229 711
X_2	温度变化引起应力过大	0.334 154 545	0.000 280 015
X_3	管内介质腐蚀	0.533 163 636	0.001 289 869
X_4	管材抗蚀性差	0.230 963 636	0.000 126 827
X_5	立管内涂层过薄	0.444 718 182	0.000 654 225
X_6	管内抑制剂使用不当	0.258 604 545	0.000 156 801
X_7	气体被阻导致流动中断	0.280 722 727	0.000 185 813
X_8	立管底部压力增加过大	0.424 440 909	0.000 559 933
X_9	管内介质流动不稳定	0.321 240 909	0.000 253 592
X_{10}	风力过大	0.280 713 636	0.000 185 8
X_{11}	波浪力过大	0.308 354 545	0.000 229 711
X_{12}	波浪反复作用导致疲劳破坏	0.505 522 727	0.001 043 3
X_{13}	拖曳力过大	0.383 913 636	0.000 410 247
X_{14}	涡激振动导致立管疲劳	0.446 559 091	0.000 663 535
X_{15}	地震引起土壤变形	0.151 109 091	0.000 062 876
X_{16}	海水腐蚀	0.511 045 455	0.001 088 474
X_{17}	立管外涂层过薄	0.260 436 364	0.000 159 021
X_{18}	阴极保护失效	0.205 163 636	0.000 104 043
X_{19}	船舶碰撞	0.260 445 455	0.000 159 032
X_{20}	锚撞击	0.210 072 727	0.000 108 038
X_{21}	落物撞击	0.227 272 727	0.000 123 285
X_{22}	火灾	0.258 604 545	0.000 156 801
X_{23}	爆炸	0.169 536 364	0.000 761 115
X_{24}	平台大幅度移位	0.232 804 545	0.000 128 632
X_{25}	立管干涉	0.347 040 909	0.000 309 127
X_{26}	运营制度缺陷	0.555 281 818	0.001 528 526
X_{27}	人员素质原因	0.385 754 545	0.000 416 085
X_{28}	设计、制造、储运过程中造成缺陷	0.234 645 455	0.000 130 462

2)条件概率

条件概率由故障树中节点的逻辑关系得到,考虑每个节点存在"工作"和"失效"两种状态,以串联系统逻辑关系为例:在父节点均"工作"的情况下,相应子节点状态为"工作";当父节点有至少一个节点状态为"失效"时,则子节点状态为"失效"。

以"严重段塞流"节点为例,导致该事件发生的基本事件主要有 3 个,分别是气体被阻导致流动中断、立管底部压力增加过大、管内介质流动不稳定。当 3 个基本事件均未发生时,即状态均为 state0 时,此时一定不会发生严重段塞流,因此该节点为 state0(未发生)的状态为 1;当气体被阻导致流动中断、立管底部压力增加过大、管内介质流动不稳定 3 个基本事件中任一件发生时,便会导致严重段塞流情况的发生,因此该事件状态为 state1(已发生),见表 9-5。

表 9-5　严重段塞流事件条件概率

气体被阻导致流动中断	立管底部压力增加过大	管内介质流动不稳定	严重段塞流	
			state0	state1
state0	state0	state0	1	0
		state1	0	1
	state1	state0	0	1
		state1	0	1
state1	state0	state0	0	1
		state1	0	1
	state1	state0	0	1
		state1	0	1

3)转移概率

转移概率表示节点状态在转移过程发生的概率变化,根据专家经验进行设置。转移概率的设置遵循马尔科夫定律,两个相邻时间片之间的转移网络只与上一个时间片 $t-1$ 时刻,节点的概率有关,与其他时间的概率无关。在得到 SCR 失效动态贝叶斯模型后,根据专家知识,设置态节点"管道内腐蚀""外腐蚀"的转移概率表。以管道外腐蚀为例,转移概率见表 9-6,其中 state0 表示未发生失效/小于失效阈值,state1 表示已发生失效/大于失效阈值。

表 9-6　中间节点"管道外腐蚀"随时间的转移概率

海水腐蚀	立管外涂层过薄	阴极保护失效	外腐蚀($t-1$)	外腐蚀(t)	
				state0	state1
state0	state0	state0	state0	0.998 649	0.001 351
			state1	0	1
		state1	state0	0.95	0.05
			state1	0	1

续表

海水腐蚀	立管外涂层过薄	阴极保护失效	外腐蚀（$t-1$）	外腐蚀（t）	
				state0	state1
state0	state1	state0	state0	0.95	0.05
			state1	0	1
		state1	state0	0.9	0.1
			state1	0	1
state1	state0	state0	state0	0.95	0.05
			state1	0	1
		state1	state0	0.9	0.1
			state1	0	1
	state1	state0	state0	0.9	0.1
			state1	0	1
		state1	state0	0.85	0.15
			state1	0	1

9.4.3　结果与分析

在构建完贝叶斯网络结构模型和参数模型后，即可进行退化过程分析。根据建立的动态贝叶斯网络模型，通过正向推断，可以预测 SCR 立管在服役周期内的失效概率。SCR 服役年限较久，可以达到 30~50 年，将服役时长划分为 25 个时间片，每个时间片 2 年，代表着随时间变化，由于腐蚀问题的积累，SCR 失效概率在不断变化。将底事件的先验概率、中间事件的条件概率以及两个时间片间的转移概率输入至动态贝叶斯模型中，得到服役期间 SCR 失效概率演化趋势如图 9-9 所示。

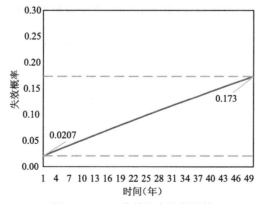

图 9-9　SCR 失效概率演化趋势

可以看出，在 SCR 刚开始服役阶段，即第 1~2 年，SCR 失效概率只有 0.020 66；随着服役年限的增加，在假定其他节点事件发生概率不变的情况下，增加管道内腐蚀和外腐蚀的严重程度,会导致 SCR 失效概率增加,到 9~10 年时, SCR 失效概率达 0.053 91;在第 25 年,达到 0.101 68,此时失效概率对于海洋立管来说已经非常大,基本可以视作不可再继续服役。

　　根据 SCR 失效概率计算结果,以可靠度作为衡量立管系统性能的指标,可以得到 SCR 性能曲线如图 9-10 所示。可以发现,在 SCR 服役的第 1~5 年, SCR 性能可以达到 96% 以上,随着服役年限的增加, SCR 性能逐渐下降,到第 25 年末,性能下降至 90%,当立管服役年限为 50 年时,失效概率为 0.173 14,此时可靠度为 0.826 86。该曲线可以反映立管系统性能下降趋势,可作为退化过程曲线,进行后续可靠能力计算。

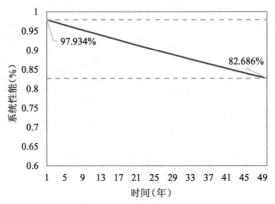

图 9-10　系统性能退化曲线

　　在目前的研究中,腐蚀严重程度被分为两种状态:重度和轻度。由于缺乏历史数据、环境条件、立管运行日志等,且腐蚀本身不易监测并具有一定的不确定性,故在 SCR 全生命周期韧性评估中,不涉及腐蚀的计算,只是从风险的角度去分析立管腐蚀问题。从图中可以看出,立管的内腐蚀失效概率随着服役年限显著增加,第 1 年仅为 0.006 33,在第 5 年时,达到 0.043 59,在第 20 年时,立管内腐蚀失效概率为 0.177 16,第 50 年,达到 0.390 85,轻度腐蚀的概率逐渐下降,从最初的 0.993 67,到 50 年下降为 0.609 15。在立管运行的全寿命周期中,随着时间的推移,立管内腐蚀程度逐渐由轻度转至重度(图 9-11)。

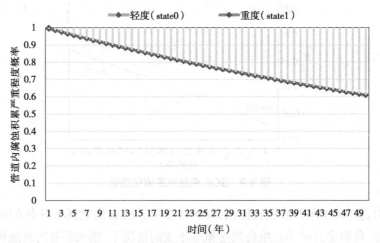

图 9-11　内腐蚀积累严重程度概率变化

对于立管外腐蚀而言,腐蚀程度同样逐渐加重。立管的外腐蚀失效概率随着服役年限显著增加,第 1 年仅为 0.001 06,在第 5 年达到 0.039 88,在第 20 年时,立管外腐蚀失效概率为 0.174 13,在第 50 年,达到 0.388 96,轻度疲劳的概率逐渐下降,从最初的 0.998 95,到 50 年下降为 0.611 04。可以看出,随着时间的推移,立管外腐蚀程度逐渐由轻度转至重度(图9-12),由此导致的立管失效概率也将随之增加。

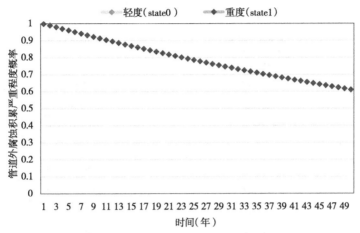

图 9-12   外腐蚀积累严重程度概率

传统贝叶斯网络除了预测事故发生概率,还可进行逆向推理来推演事故致因。在确定一部分事件是否发生的基础上,通过贝叶斯网络添加证据,计算顶事件发生的后验概率。例如,当假设顶事件发生时,即 SCR 发生失效,采用动态贝叶斯网络推理中的诊断分析技术,可以计算每个节点在不同时间片上的后验概率,得到各个节点的状态变化。假设在服役第25 年时发生 SCR 失效,将此作为证据输入贝叶斯网络并更新,可以得到基本事件的后验概率见表 9-7。

表 9-7   基本事件先验概率及后验概率

编号	基本事件名称	先验概率	后验概率
X_1	管内介质流速过快	0.000 153 307	0.000 818 261
X_2	温度变化引起应力过大	0.000 309 989	0.001 654 535
X_3	管内介质腐蚀	0.001 484 770	0.005 807 409
X_4	管材抗蚀性差	0.000 309 989	0.001 212 639
X_5	立管内涂层过薄	0.000 061 078	0.000 238 937
X_6	管内抑制剂使用不当	0.000 153 307	0.000 599 730
X_7	气体被阻导致流动中断	0.000 153 307	0.000 818 261
X_8	立管底部压力增加过大	0.000 309 989	0.001 654 535
X_9	管内介质流动不稳定	0.000 061 078	0.000 325 998
X_{10}	风力过大	0.000 153 307	0.000 818 261
X_{11}	波浪力过大	0.000 153 307	0.000 818 261

续表

编号	基本事件名称	先验概率	后验概率
X_{12}	波浪反复作用导致疲劳破坏	0.001 643 075	0.008 769 749
X_{13}	拖曳力过大	0.000 937 727	0.005 005 024
X_{14}	涡激振动导致立管疲劳	0.001 415 119	0.007 553 057
X_{15}	地震引起土壤变形	0.000 015 331	0.000 081 828
X_{16}	海水腐蚀	0.000 841 512	0.002 098 076
X_{17}	立管外涂层过薄	0.000 061 078	0.000 238 965
X_{18}	阴极保护失效	0.000 153 075	0.000 598 891
X_{19}	船舶碰撞	0.000 653 307	0.003 486 961
X_{20}	锚撞击	0.000 061 078	0.000 325 998
X_{21}	落物撞击	0.000 584 876	0.003 121 717
X_{22}	火灾	0.000 201 549	0.001 075 748
X_{23}	爆炸	0.000 201 549	0.001 075 748
X_{24}	平台大幅度移位	0.000 363 579	0.001 940 567
X_{25}	立管干涉	0.000 030 999	0.000 165 454
X_{26}	运营制度缺陷	0.006 377 265	0.034 038 016
X_{27}	人员素质原因	0.000 584 876	0.003 121 717
X_{28}	设计、制造、储运过程中造成缺陷	0.000 334 956	0.001 787 794

从图 9-13 可以看出,在所有基本事件的后验概率中,"运营制度缺陷"的后验概率值最大,达 0.015 03,其次是管内介质腐蚀、海水腐蚀和波浪反复作用导致疲劳破坏,后验概率分别为 0.012 69、0.010 71、0.010 26。因此为了降低立管失效概率,减少立管事故的发生,最首要的是完善运营制度,提高人员素质,减少人为失误等造成的立管事故。此外,针对"波浪反复作用导致疲劳破坏""涡激振动导致立管疲劳"和"管内介质腐蚀"等因素采取相应措施也会更有助于提高立管安全性能。

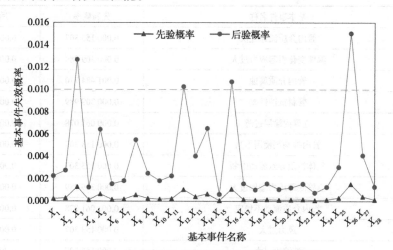

图 9-13　基本事件(父节点)先验概率、后验概率

9.5　立管系统性能恢复过程

9.5.1　恢复阶段划分

维护过程主要包括 3 个阶段:故障诊断、资源分配、维修。在故障诊断阶段,诊断时间和诊断精度将影响后续的资源调配和维修活动;在资源分配阶段,是否能够及时分配和争取足够的资源将影响后续的维修活动。最终在维修阶段,系统性能会随着维修活动的进行而提升。3 个阶段的能力可以分别量化为故障诊断能力、资源分配能力、维修能力,三者共同决定系统的恢复能力:

$$Re = D \times RA \times M(t_M) \tag{9-17}$$

式中:D 为故障诊断能力;RA 为资源分配能力;$M(t_M)$ 为维修能力。

1. 故障诊断

故障诊断能力是指当失效发生时,识别系统中失效组件和失效模式的能力。在故障诊断阶段,量化诊断能力由诊断时间和诊断方法决定。不同组件、不同失效模式会有所不同,为了提高故障诊断能力,可以使用新的传感器网络设计或对操作员进行培训,以提高诊断准确性并减少诊断时间:

$$D = \mu_D \times e^{-\alpha t_D} \tag{9-18}$$

式中:α 为指数效用函数系数;μ_D 为诊断准确度,对于不同的组件会有所不同;t_D 为完成故障诊断所需要的时间。

3. 资源分配

在资源分配阶段,资源分配能力是系统在正确诊断后获取足够资源的能力。海洋工程设备一般是模块化设计,失效率较小。一旦发生故障,可直接替换故障部件。常用的物资包括水下机器人(ROV)、液压绞车、深水海工作业辅助船(Subsea Support Vessel,SSV)、运输船等。海底设备维修风险大,技术要求高,需要专业的项目管理团队、技术支持团队、备件供应团队和施工团队。资源分配能力的量化由所需资源量 Req,可用资源 Ava,获取时间 t_{RA} 决定。

$$RA = \Omega(Ava,\ Req) \times e^{-\beta t_{RA}} \tag{9-19}$$

式中:β 为效用函数的系数;t_{RA} 为完成资源分配所需的时间,受基础设施的设计、所需额外资源的数量等影响,优异的基础结构设计可用确保资源的快速转移;$\Omega(\cdot)$ 为生态系统中定义的资源指标函数,可反映分配足够资源的能力。

如图 9-14 所示,该函数通过增加资源储备而增加,增加到特定水平,后面再添加额外资源就会因为拥挤效应而使函数值减小。由于人为原因或天气原因,资源分配结算存在不确定性,因此资源指标可以反映是否会分配足够的资源。

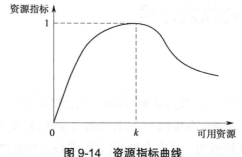

图 9-14　资源指标曲线

4. 维修

当系统性能下降到一定程度时,可以进行一系列维护活动以帮助系统恢复正常运行状态。在维修阶段,维修能力是系统在获得足够资源后完成维护过程的能力。维修能力的量化取决于维修时间和维修成功率,且随着恢复过程的进行,维修能力逐渐提高:

$$M(t_M) = 1 - k_r \times e^{-\gamma t_M}$$（9-20）

式中:γ 为效用函数系数;k_r 为维修成功率;t_M 为维修进行的时间。

由于在恢复阶段,预测时间 $t + \Delta t$ 的状态所需的所有信息都包含在时间 t 中,不需要关于更早时间的信息,因此恢复过程可以被视为遵循马尔可夫定律。马尔可夫定律可用于描述具有多个状态的系统,并对这些状态之间的转移关系进行建模。通过将马尔可夫定律和DBN 结合,可以预测出下一时间片的系统性能。

9.5.2　恢复过程 DBN 模型构建

1. 结构模型

在结构建模部分,以恢复过程的三阶段所涉及公式中包含的物理量为节点,根据物理参数的状态、数值以及相互间的运算关系构建贝叶斯网络。

首先,以恢复能力 Re 作为第一层节点——子节点。其次,以影响恢复能力的因素作为第二层节点——中间节点,具体包括故障诊断能力 D、资源分配能力 RA 和维修能力 M,三者相互独立且共同影响恢复能力 Re。最后,故障诊断、资源分配和维修阶段分别受其他因素影响,将这些因素作为第三层节点——根节点,具体地,故障诊断能力受诊断精度 μ_D 和诊断时间 t_D 影响,资源分配能力受资源量 $\Omega(\cdot)$ 和资源分配时间 t_{RA} 影响,维修能力受维修成功率 k_r 和维修时间 t_M 影响,因此可以构建恢复过程的贝叶斯网络结构模型如图 9-15 所示。其中,α、β、γ 分别为效用函数系数。

需要说明的是,对于特定的故障情况而言,诊断所需时间及资源调配时间等物理量为定值,因此故障诊断能力 D 及资源分配能力 RA 为数值节点,而维修能力节点 M 会随着维修时间和维修成功率的变化而改变,因此维修能力 M 为变量节点。最终构建的贝叶斯网络结构模型可以简化为图 9-15 右侧实线部分。

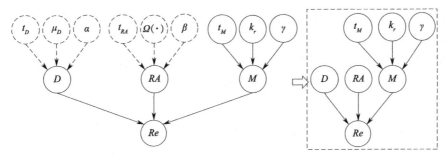

图 9-15　恢复过程静态贝叶斯网络模型

在静态贝叶斯网络模型的基础上构建动态模型如图 9-16 所示,由于随着恢复过程的进行,维修能力将逐渐提高,因此将维修时间节点 t_M 设置为动态节点能够更好地反映实际情况。图中实线弧表示变量之间的因果关系,虚线弧表示动态节点在不同时间片间的转移关系。

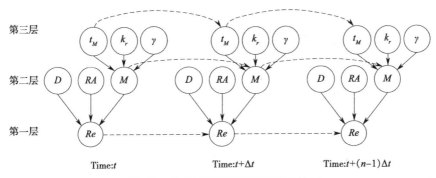

图 9-16　恢复过程动态贝叶斯网络模型

2. 参数模型

完成贝叶斯网络结构模型构建后,需要对模型参数进行确定。维护过程的参数模型取决于物理模型中相应变量的值。目前国内外针对立管系统性能退化后的恢复过程尚无学者研究,故本书参考其他工程领域其他海洋结构物的恢复过程,对立管系统恢复过程参数进行确定,见表 9-8。

表 9-8　退化模型参数

α	μ_D	$t_D(h)$	β	$\Omega(\cdot)$	$t_{RA}(h)$	γ	k_r
0.005	0.99	8	0.001	1	24	0.1	正态分布

故障诊断能力主要由诊断时间和诊断精度体现,现阶段针对立管故障的诊断技术虽然比较完善,但仍可能存在一定误差,根据文献资料 [210] 诊断准确度 μ_D 取 0.99;α 为指数效用函数系数,取 0.005;t_D 为诊断时间,当诊断时间为 8 h 时,根据式(9-18)可以计算故障诊断能力为 0.951。

在资源分配阶段,$\Omega(\cdot)$ 为资源指标函数,在物资充足的情况下可取 1;β 为指数效用函数系数,取 0.001；t_{RA} 为资源分配时间,当资源分配时间为 24 h 时,根据式(9-19)计算得资源分配能力为 0.887。

在维修阶段,维修成功率 k_r 服从正态分布,平均维修成功率可达 99%；γ 为指数效用函数系数,取 0.1；t_M 表示维修时间,随着维修时间的增加,恢复能力逐渐增加,立管系统性能也将逐渐恢复。

将退化模型参数代入贝叶斯网络中进行贝叶斯网络推理。根据图 9-16 所示结构模型和恢复过程参数关系,在 GeNIe 中构建出贝叶斯网络如图 9-17 所示。其中 $t_0=0$ 为初始时刻,指向代表维修时间的节点 t_M,维修时间 $t_M=t_0+1$ 随着修复过程进行而增加,因此为动态节点；t_M 和维修成功率 k_r、效用系数 γ 为共同影响维护能力,指向代表维护能力的节点 M；维护能力 M 和故障诊断能力 D、资源分配能力 RA 三者为影响恢复能力的因素,共同指向恢复指标 Re。

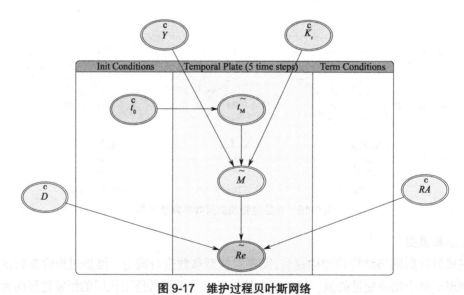

图 9-17   维护过程贝叶斯网络

9.5.3   结果及讨论

根据建好的贝叶斯网络模型,进行退化过程计算和分析。由于对立管受损后恢复过程参数缺乏一定的数据支撑,故仅考虑对立管恢复各阶段所用时间进行敏感性分析,探究恢复时间对恢复水平的影响。

对于故障诊断阶段而言,如前文所述,指数效用函数系数 α 取 0.005,诊断准确度 μ_D 取 0.99；当诊断时间为 4 h 时,根据式(9-18)可以计算故障诊断能力为 0.970。当诊断时间增加至 12 h 时,诊断能力下降至 0.932,在诊断准确度不变的情况下,诊断时间越长,表明诊断能力越低,如图 9-18 所示。

在资源分配阶段,如前文,指数效用函数系数 β 取 0.001,资源指标函数 $\Omega(\cdot)$ 取 1；资源分配时间 t_{RA} 取 4 h 时,根据式(9-19)计算得资源分配能力为 0.980。当资源调配时间增加至 12 h 时,资源分配能力下降至 0.942,在物资充足即资源指标为 1 的情况下,资源分配时间越长,表明分配能力越差,如图 9-18 所示。

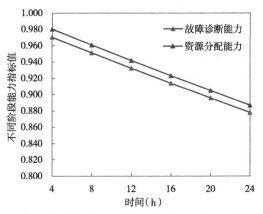

图 9-18　故障诊断及资源分配能力随所需时间变化

由式(9-9)可知,恢复指标 Re 由故障诊断能力、资源分配能力以及维修能力综合所得。由图可知,当故障诊断时间为 8 h 时,诊断能力为 0.951;资源分配时间为 12 h 时,分配能力为 0.942。恢复指标 Re 随着维修的进行逐渐提高,如图 9-19 所示。

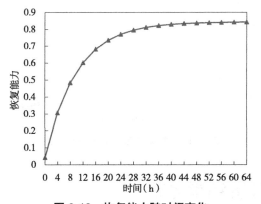

图 9-19　恢复能力随时间变化

由于故障诊断和资源分配阶段并没有开展正式的维修,因此立管系统性能暂时不会得到恢复,这段时间立管系统性能仍维持在原水平。随着进入维修阶段,立管系统正式受到维护,立管系统性能也开始发生变化,如图 9-20 所示。

维修能力由效用系数和维修成功率决定,指数效用函数系数 γ 取 0.1,维修成功率 k_r 服从正态分布,平均可达 99%,t_M 为维修时间。随着维修的进行,恢复能力逐渐增加,立管系统性能也将逐渐恢复。将以上数据代入贝叶斯网络进行计算,可以得到各个时间片的恢复能力值,该值代表恢复后系统性能与初始性能的比值(假设初始性能为 1)。维修进行 48 h 后,系统性能与初始性能的比值达 0.992,由图 9-21 可以看出,此时再增加维修时长已不能使系统性能有较大提升。

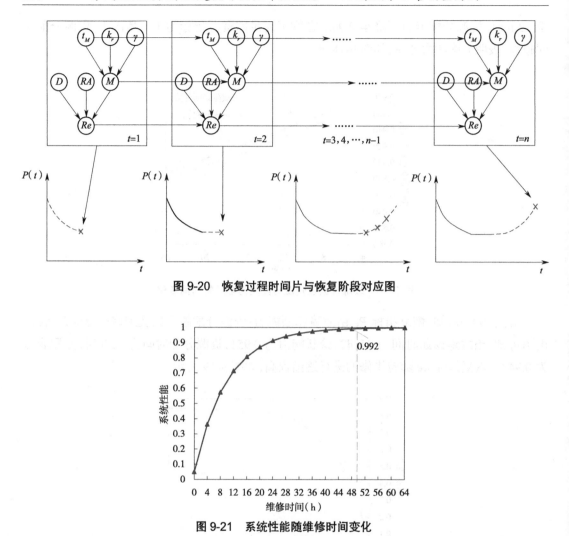

图 9-20　恢复过程时间片与恢复阶段对应图

图 9-21　系统性能随维修时间变化

9.6　立管韧性计算结果分析

对不同服役年限下可靠性指标、恢复性指标以及韧性指标进行对比计算,得到的结果如图 9-22 所示。通过对比可以发现,服役年限越短,立管系统各项指标越高。服役 20 年的立管可靠性指标为 0.929,服役 30 年的立管可靠性指标降为 0.869,服役 50 年下降至 0.815,在实际情况中,立管系统可靠性会随着服役年限增加而下降,因此可靠性指标也会有所下降,与实际情况相符。

相比可靠性指标而言,立管系统在不同服役年限下的恢复性指标差别较小,服役 20 年的立管恢复性指标为 0.986,服役 50 年的立管恢复性指标为 0.948,由于对服役时间较长的立管进行维修,所需要的资源更多、维修过程也会更复杂,因此服役年限越长的立管恢复性指标越低。

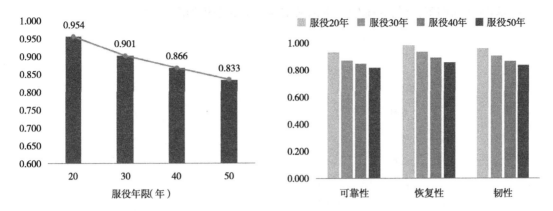

图 9-22　不同服役年限韧性指标对比

在可靠性指标和恢复性指标的基础上对韧性指标进行计算,可以发现,服役年限短的立管系统韧性指标会更高,服役 20 年的立管韧性指标为 0.954,服役 30 年的立管韧性指标为 0.919,服役 40 年立管韧性指标下降至 0.866,服役 50 年立管韧性指标仅为 0.833。

以南海某深海立管系统为例,假设对该系统中立管进行预防性维修的成本 C_m 为 10×10^3 元/次,预防性更换成本 C_r 为 10×10^4 元/次,$C_m/C_r = 0.1$,役龄调整系数为 $b = 0.02$、维修次数调整系数为 $n_c = 0.01$。利用改善因子 δ_i 可以得到管道维修后虚拟役龄,之后才能进一步确定其对应的韧性指标,因此首先需要确定改善因子。改善因子为与维修周期和实际役龄相关的函数,可表示为

$$\delta_i = \left(a \cdot \frac{C_m}{C_r} \right)^{b \cdot n^{n_c}} \tag{9-21}$$

式中:t 为实际役龄;n 为预防性维修次数。

在不同维修周期 T 下,改善因子随维修次数的变化情况如图 9-23 所示。

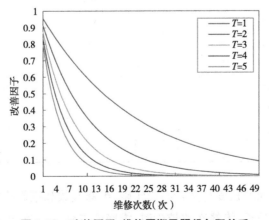

图 9-23　改善因子、维修周期及服役年限关系

通过改善因子得到维修后立管的虚拟役龄,由下式可以进一步确定对应的韧性指标:

$$Re = -1.706\,9 \times 10^{-4} \times t^2 - 0.002\,614 \times t + 1.002\,4 \tag{9-22}$$

不同维修周期下,立管系统韧性指标随实际役龄的变化如图 9-24 所示。

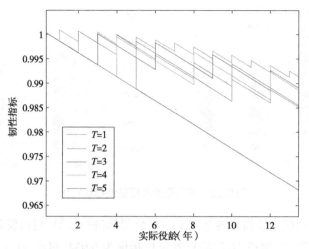

图 9-24　不同维修周期下韧性指标随役龄变化情况

以立管维修成本模型为基础,将不同维修周期下的立管维修总成本平均到实际服役年限中,可以得到立管服役期间的维修年成本。基于不同维修周期、维修成本及维修次数,计算改善因子及服役年限,可以得到相应的韧性指标,不同维修周期下的立管维修成本及韧性指标见表 9-9。

表 9-9　基于不同维修周期的某深海立管服役年限、维修成本、韧性指标对比

维修周期	服役年限	维修次数	成本（×10³元）	年成本（×10³元）	韧性指标
1	50	50	600	12.00	0.938
2	50	25	350	7.00	0.925
3	51	17	270	5.29	0.920
4	48	12	220	4.58	0.916
5	50	10	200	4.00	0.915
6	48	8	180	3.75	0.906
7	49	7	170	3.47	0.900
8	48	6	160	3.33	0.895
9	45	5	150	3.33	0.889
10	50	5	150	3.00	0.884

可以发现,维修周期的长度与立管服役年限、维修次数和维修成本大致呈负相关关系,也就是说,当维修周期越长、维修次数越少时,维修成本越少,立管可服役年限也越短,韧性指标越低。并且,相比于服役年限,维修次数和维修成本对于维修周期的敏感性要更大,这表明,尽管可以通过缩短维修周期、增加维修次数来提高立管的服役年限,但对于已经服役

多年的立管系统,提升空间较为有限,在此基础上缩短维修周期、增加维修次数,只会导致加大成本而并不能达到预期效果,在实际工程中,应同时考虑维修对立管系统性能的提升和成本增加的平衡。从表9-9可以看出,综合考虑维修成本和韧性指标,最佳维修周期为3年左右,此时维修成本较小,韧性指标也相对较高。

9.7　本章小结

本书提出了基于动态贝叶斯网络对钢悬链立管进行韧性评估的方法。该方法以韧性概念为基础,提出了面向全过程的立管系统评估方法,针对立管退化过程和恢复过程分别提出了可靠性指标和恢复性指标,并在二者基础上计算韧性指标,实现了立管韧性的量化。本书首先将故障树作为贝叶斯网络构建的基础,构建退化模型,结合专家打分法获取模型参数,根据贝叶斯网络推理功能进行失效过程的预测和诊断分析;其次,以恢复过程中涉及的故障诊断、资源分配以及维修等相关指标作为节点,根据历史数据和专家经验构建维护过程贝叶斯网络进行计算;最后,将退化模型和维护模型结合进行完整的韧性评估。通过上述研究得出的具体结论如下。

（1）在退化阶段,将SCR失效故障树转化为贝叶斯网络,通过正向推理,可以预测SCR系统在服役10年时可靠性为87.1%,到第20年时,下降至78.8%;通过逆向推理,可得基本事件后验概率,其中"运营制度缺陷"的后验概率值最大,即为导致SCR失效的最可能原因,其次是"波浪反复作用导致疲劳破坏""涡激振动导致立管疲劳"和"管内介质腐蚀"。

（2）在维护阶段,依据物理模型参数关系构建贝叶斯网络。诊断时间及资源调配时间的增加将导致恢复指标下降;在维修成功率不变的情况下,维修时间延长不会并不能使恢复指标有大幅提高。

（3）相比于在服役15年进行维护,在服役10年时进行维护立管系统可靠性指标、恢复性指标及韧性指标更高,并且越早进行维护,越有助于最终维护后的性能值保持在较高水平。

本章部分图例

说明:为了方便读者直观地查看彩色图例,此处节选了书中的部分内容进行展示。页面左侧的页码,为您标注了对应内容在书中出现的位置。

附录 1　全球系泊失效事故具体描述

时间	船名	事故描述	水深（m）
2013	Leiv Eiriksson semi	1 根链在交叉张力测试中失效	115~125
2013	Island Innovator semi	1 根缆在距离缆绳端部 15~20 m 处断裂	—
2012	Petrojarl Varg FPSO	1 根链（共 10 根）断开	84
2012	Transocean Spitsbergen semi	1 根链在导缆器上方约 10 m 处失效	240~300
2011	Banff	转塔系泊，5 根链（共 10 根）断开； 恶劣天气中，船体漂移 250 m	91.44
2011	Volve（Navion Saga）	检测过程中发现 2 根链（共 9 根）均在钢缆段底部处断开	82.296
2011	Gryphon Alpha	暴风雨作用下，4 根链（共 8 根）断开； 船体漂移导致立管断裂	121.92
2011	Fluminense	1 根链（共 9 根）顶部断开	792.48
2010	Jubarte	3 根链（共 6 根）均在靠下段断开。2008—2010 年，3 号、4 号和 5 号系泊缆发生失效	1 343
2009	海洋石油 113	系泊钢臂塔架倒塌； 船体漂移导致立管断裂	18.288
2009	南海发现号	台风突袭，4 根链（共 8 根）在顶部钢缆段的下端处断开，船体未来得及从 BTM 浮筒上脱离； 船体漂移导致立管断裂	115.824
2009	Fluminense	1 根链（共 9 根）断开	792.48
2008	Dalia	1 根链（共 12 根）在底部（泥线以下 5~7 m）断开，在潜水员操作期间发现的； 2012 年，再次发生类似事件	1 301.496
2008	Balder	1 根链（共 10 根）断开	124.968
2008	Blind Faith	1 根链（共 8 根）断开	1981.2
2007	Kikeh	1 根链在锚卸扣处断开，同一批其他卸扣也性能不足	1341.12
2006	Schiehallion	1 根链（共 14 根）在锚链管内断开，检测发现另外 3 根也存在裂缝	396.24
2006	流花 - 南海胜利号	7 根链（共 10 根）在台风中断开； 船体漂移导致立管断裂	298.704
2006	Varg	1 根链（共 10 根）断开	85.344
2005	Kumul buoy	1 根钢缆（共 6 根）断开，检测发现其他钢缆也受到破坏	18.288
2005	Foinaven	1 根链（共 10 根）断开，另外 2 根也存在裂缝	457.2
2002	Girassol buoy	3 根链（共 9 根）断开，包括两根链和一根聚酯缆； 浮体漂移到设计范围之外，但未引起输油管线破坏； 1 个月后，另有一根因平面外弯曲而破坏； 2002 年一共发生 2 次事故导致 4 根破坏	1 402.08
2001	Harding buoy	1 根链（共 9 根）断开，固定插销移位	109.728

附录2 5状态的恢复模型

当恢复时间符合指数分布时,具有5个状态的恢复模型的公式如下:

$$
\boldsymbol{P}_{\mathrm{R}}(t) = \begin{pmatrix}
1 & 0 & 0 & 0 & 0 \\
1-\mathrm{e}^{-\lambda_1 t} & \mathrm{e}^{-\lambda_1 t} & 0 & 0 & 0 \\
1-\dfrac{\lambda_2(\mathrm{e}^{-\lambda_1 t}+\mathrm{e}^{-\lambda_2 t})}{\lambda_2-\lambda_1} & \dfrac{\lambda_2(\mathrm{e}^{-\lambda_1 t}-\mathrm{e}^{-\lambda_2 t})}{\lambda_2-\lambda_1} & \mathrm{e}^{-\lambda_2 t} & 0 & 0 \\
P_{\mathrm{R}}(t)_{4,1} & P_{\mathrm{R}}(t)_{4,2} & P_{\mathrm{R}}(t)_{4,3} & \mathrm{e}^{-\lambda_3 t} & 0 \\
P_{\mathrm{R}}(t)_{5,1} & P_{\mathrm{R}}(t)_{5,2} & P_{\mathrm{R}}(t)_{5,3} & P_{\mathrm{R}}(t)_{5,4} & \mathrm{e}^{-\lambda_4 t}
\end{pmatrix}
$$

其中,

$$
P_{\mathrm{R}}(t)_{4,1}=\frac{-\lambda_2\lambda_3(\lambda_2-\lambda_3)\mathrm{e}^{-\lambda_1 t}+\lambda_1\lambda_3(\lambda_1-\lambda_3)\mathrm{e}^{-\lambda_2 t}-\left(\lambda_1\lambda_2\mathrm{e}^{-\lambda_3 t}-(\lambda_2-\lambda_3)(\lambda_1-\lambda_3)\right)(\lambda_1-\lambda_2)}{(\lambda_1-\lambda_3)(\lambda_2-\lambda_3)(\lambda_1-\lambda_2)},
$$

$$
P_{\mathrm{R}}(t)_{4,2}=-\frac{\left[(-\lambda_2+\lambda_3)\mathrm{e}^{-t(\lambda_1-\lambda_3)}+(\lambda_1-\lambda_3)\mathrm{e}^{-t(\lambda_2-\lambda_3)}-\lambda_1+\lambda_2\right]\mathrm{e}^{-\lambda_3 t}\lambda_2\lambda_3}{(\lambda_1-\lambda_3)(\lambda_2-\lambda_3)(\lambda_1-\lambda_2)},
$$

$$
P_{\mathrm{R}}(t)_{4,3}=\frac{\lambda_3}{\lambda_3-\lambda_2}(\mathrm{e}^{-\lambda_2 t}-\mathrm{e}^{-\lambda_3 t}),
$$

$$
P_{\mathrm{R}}(t)_{5,1}=\frac{\begin{array}{l}\lambda_2\lambda_3\lambda_4(\lambda_3-\lambda_4)(\lambda_2-\lambda_4)(\lambda_2-\lambda_3)\mathrm{e}^{-\lambda_1 t}-\lambda_1\lambda_3\lambda_4(\lambda_3-\lambda_4)(\lambda_1-\lambda_4)(\lambda_1-\lambda_3)\mathrm{e}^{-\lambda_2 t}-\\ \left\{\begin{array}{l}-\lambda_1\lambda_2\lambda_4(\lambda_2-\lambda_4)(\lambda_1-\lambda_4)\mathrm{e}^{-\lambda_3 t}+\\ (\lambda_2-\lambda_3)(\lambda_1-\lambda_3)\left[\lambda_1\lambda_2\lambda_3\mathrm{e}^{-\lambda_4 t}-(\lambda_3-\lambda_4)(\lambda_2-\lambda_4)(\lambda_1-\lambda_4)\right]\end{array}\right\}(\lambda_1-\lambda_2)\end{array}}{(\lambda_2-\lambda_3)(\lambda_1-\lambda_3)(\lambda_1-\lambda_2)(\lambda_3-\lambda_4)(\lambda_2-\lambda_4)(\lambda_1-\lambda_4)},
$$

$$
P_{\mathrm{R}}(t)_{5,2}=-\frac{\lambda_3\lambda_4\left\{\begin{array}{l}(\lambda_3-\lambda_4)(\lambda_2-\lambda_4)(\lambda_2-\lambda_3)\mathrm{e}^{-t(\lambda_1-\lambda_4)}-\\ (\lambda_3-\lambda_4)(\lambda_1-\lambda_4)(\lambda_1-\lambda_3)\mathrm{e}^{-t(\lambda_2-\lambda_4)}+\\ \left[(\lambda_2-\lambda_4)(\lambda_1-\lambda_4)\mathrm{e}^{-t(\lambda_3-\lambda_4)}-(\lambda_2-\lambda_3)(\lambda_1-\lambda_3)\right](\lambda_1-\lambda_2)\end{array}\right\}\lambda_2\mathrm{e}^{-\lambda_4 t}}{(\lambda_2-\lambda_3)(\lambda_1-\lambda_3)(\lambda_1-\lambda_2)(\lambda_3-\lambda_4)(\lambda_2-\lambda_4)(\lambda_1-\lambda_4)},
$$

$$
P_{\mathrm{R}}(t)_{5,3}=-\frac{\lambda_4\mathrm{e}^{-\lambda_4 t}\lambda_3\left[(-\lambda_3+\lambda_4)\mathrm{e}^{-t(\lambda_2-\lambda_4)}+(\lambda_2-\lambda_4)\mathrm{e}^{-t(\lambda_3-\lambda_4)}-\lambda_2+\lambda_3\right]}{(\lambda_2-\lambda_4)(\lambda_3-\lambda_4)(\lambda_2-\lambda_3)},
$$

$$
P_{\mathrm{R}}(t)_{5,4}=-\frac{\lambda_4\left(\mathrm{e}^{-t(\lambda_3-\lambda_4)}-1\right)\mathrm{e}^{-\lambda_4 t}}{\lambda_3-\lambda_4}。
$$

附录 3　生产性能公式的推导过程

如图 7-3 所示的生产性能曲线在数学上可描述为

$$F_a(t) = \begin{cases} 1 & t \in [0, t_2 - t_1] \bigcup [t_2, \infty) \\ 0 & t \in [t_2 - t_1, t_2] \end{cases} \tag{1}$$

$$F_b(t) = \begin{cases} 1 & t \in [t_2, \infty) \\ 0 & t \in [0_1, t_2] \end{cases} \tag{2}$$

$$F_c(t) = \begin{cases} 0 & t \in [0, t_3] \bigcup [t_2 - t_1, t_2] \\ 1 & t \in [t_3, t_2 - t_1] \bigcup [t_2, \infty) \end{cases} \tag{3}$$

假定 α 为执行维修所需时间 t_1 与维修总时长 t_2 之间的比值，即令 $\alpha = t_1/t_2$，则

$$\begin{cases} t_2 - t_1 = (1 - \alpha)t_2 \\ t \leqslant t_2 - t_1 \Leftrightarrow t_2 \geqslant \dfrac{t}{1 - \alpha} \end{cases} \tag{4}$$

因此，不同时间间隔内的停机时间 t 的概率可推导为

$$P\left(t_2 \geqslant \frac{t}{1 - \alpha}\right) = 1 - P\left(t_2 < \frac{t}{1 - \alpha}\right) = 1 - P_{r(k,0)}\left(\frac{t}{1 - \alpha}\right) \tag{5}$$

$$P(t_2 \leqslant t) = P_{r(k,0)}(t) \tag{6}$$

$$P(t_3 \leqslant t) = P_{r(k,j)}(t) \tag{7}$$

下面，生产性能曲线为 1 的概率，可推导得

$$P(F_a(t) = 1) = P\left(t_2 \geqslant \frac{t}{1 - \alpha}\right) \bigcup P(t_2 \leqslant t)$$
$$= \left[1 - P_{r(k,0)}\left(\frac{t}{1 - \alpha}\right)\right] \bigcup P_{r(k,0)}(t) \tag{8}$$

$$P(F_b(t) = 1) = P(t_2 \leqslant t) = P_{r(k,0)}(t) \tag{9}$$

$$P(F_c(t) = 1) = P\left(t_2 \geqslant \frac{t}{1 - \alpha}\right) \bigcap P(t_3 \leqslant t) \bigcup P(t_2 \leqslant t)$$
$$= P_{r(k,j)}(t) \bigcup P_{r(k,0)}(t) \tag{10}$$

生产功能表现（Function performance）FP 定义为生产性能曲线随时间变化的期望，故可计算为

$$FP_a(t) = E(F_a(t)) = 1 \times P(F_a(t) = 1) + 0 \times P(F_a(t) = 0)$$
$$= \left[1 - P_{r(k,0)}\left(\frac{t}{1 - \alpha}\right)\right] \bigcup P_{r(k,0)}(t) \tag{11}$$

$$FP_b(t) = E(F_b(t)) = 1 \times P(F_b(t) = 1) + 0 \times P(F_b(t) = 0) = P_{r(k,0)}(t) \tag{12}$$

$$FP_c(t) = E(F_c(t)) = 1 \times P(F_c(t) = 1) + 0 \times P(F_c(t) = 0)$$
$$= P_{r(k,j)}(t) \bigcup P_{r(k,0)}(t) \tag{13}$$

参 考 文 献

[1] 王子雯, 汪贵锋, 易春燕. 南海油气资源勘探开发形势分析[J]. 中国石油和化工标准与质量, 2018, 38(20): 131-132.

[2] 田辰玲, 杨建民, 林忠钦, 等. 我国南海资源开发装备发展研究[J]. 中国工程科学, 2023, 25(3): 84-94.

[3] 张来斌, 谢仁军, 殷启帅. 深水油气开采风险评估及安全控制技术进展与发展建议[J]. 石油钻探技术, 2023, 51(4): 55-65.

[4] HSE. Floating production system—JIP FPS mooring integrity[R]. UK: Health and Safety Executive, 2006.

[5] D'SOUZA R, MAJHI S. Application of lessons learned from field experience to design, installation and maintenance of FPS moorings[C]//Proceedings of the Offshore Technology Conference. OnePetro, 2013.

[6] HALSNE M, OMA N, ERSDAL G, et al. Semisubmersible in service experiences on the norwegian continental shelf[C]//Proceedings of the ASME 2022 41st International Conference on Ocean, Offshore and Arctic Engineering. Hamburg, Germany: American Society of Mechanical Engineers, 2022.

[7] DU J, WANG H, WANG S, et al. Fatigue damage assessment of mooring lines under the effect of wave climate change and marine corrosion[J]. Ocean engineering, 2020, 206.

[8] SHAKOU L M, WYBO J-L, RENIERS G, et al. Developing an innovative framework for enhancing the resilience of critical infrastructure to climate change[J]. Safety science, 2019, 118: 364-378.

[9] KVITRUD A. Lessons learned from Norwegian mooring line failures 2010–2013[C]//Proceedings of the International Conference on Offshore Mechanics and Arctic Engineering. American Society of Mechanical Engineers, 2014.

[10] MA K-T, SHU H, SMEDLEY P, et al. A historical review on integrity issues of permanent mooring systems[C]//Proceedings of the Offshore Technology Conference. OTC, 2013.

[11] MA K-T, LUO Y, KWAN T, et al. Mooring system engineering for offshore structures [M]. Amsterdam: Gulf Professional Publishing, 2019.

[12] API. Mooring integrity management: API-RP-2MIM[S]. Washington, D.C.: American Petroleum Institute, 2019.

[13] WALES S, LEE T, CARRA C, et al. Advances in mooring integrity management[C]//Proceedings of the Spe/iatmi Asia Pacific Oil & Gas Conference & Exhibition. 2015.

[14] IOS. Petroleum and natural gas industries—specific requirements for offshore structures—part 7: stationkeeping systems for floating offshore structures and mobile offshore units: BS EN ISO 19901-7:2013[S]. Geneva: BSI Standards Limited, 2013.

[15] API. Design and analysis of stationkeeping systems for floating structures: API-RP-2SK [S]. Washington, D.C.: American Petroleum Institute, 2015.

[16] WU J, YU Y, CHENG S, et al. Probabilistic multilevel robustness assessment framework for a TLP under mooring failure considering uncertainties[J]. Reliability engineering & system safety, 2022, 223: 108458.

[17] API. Planning, designing, and constructing tension leg platforms: API-RP-2T[S]. Washington, D.C.: American Petroleum Institute, 2010.

[18] YU J X, DING H, YU Y, et al. A novel risk analysis approach for FPSO single point mooring system using Bayesian network and interval type-2 fuzzy sets[J]. Ocean engineering, 2022, 266: 113144.

[19] YU J X, ZENG Q, YU Y, et al. Failure mode and effects analysis based on rough cloud model and MULTIMOORA method: application to single-point mooring system[J]. Applied soft computing, 2023, 132: 109841.

[20] 中国船级社. 海上单点系泊装置入级规范[Z]. 北京:中国船级社, 2021.

[21] 中国船级社. 海上移动平台结构状态动态评价及应急响应服务指南[Z]. 北京:中国船级社, 2013.

[22] DNV.GL. Offshore mooring steel wire ropes and sockets: DNVGL-CP-0256[S]. Oslo, Norway: DNV.GL, 2020.

[23] DNV G. Design of offshore steel structures, general-LRFD method: DNV GL: DNVGL-OS-C101[S]. Oslo, Norway: Det Norske Veritas, 2015.

[24] DNV.GL. Structural design of TLPs - LRFD method: DNVGL-OS-C105[S]. Oslo: DNV. GL, 2015.

[25] DNV. Environmental conditions and environmental loads: DNV-RP-C205[S]. Oslo: Det Norske Veritas, 2010.

[26] DNV.GL. Position mooring: DNVGL-OS-E301[S]. Oslo: DNV.GL, 2015.

[27] DNV.GL. Offshore mooring chain: DNVGL-OS-E302[S]. Oslo: Det Norske Veritas, 2018.

[28] DNV.GL. Offshore fibre ropes: DNVGL-OS-E303[S]. Oslo: Det Norske Veritas, 2018.

[29] DNV G. Offshore standard: offshore mooring wire ropes: DNVGL-OS-E304[S]. Oslo: Det Norske Veritas, 2015.

[30] DNVGL. Stability and watertight integrity: DNVGL-OS-C301[S]. Oslo: Det Norske Veritas, 2017.

[31] API. Recommended practice for planning, designing, and constructing floating production systems: API-RP-2FPS[S]. Washington, D.C.: American Petroleum Institute, 2001.

[32] API. Recommended practice for planning, designing and constructing fixed offshore plat-forms—working stress design: API RP 2A-WSD[S]. Washington, D.C.: American Petro-leum Institute, 2000.

[33] ABS. Design guideline for stationkeeping systems of floating offshore wind turbines[Z]. USA: American Bureau of Shipping, 2013.

[34] ABS. Fatigue assessment of offshore structures[Z]. New York: American Bureau of Ship-ping, 2020.

[35] ABS. Rules for building and classing floating production installations[Z]. New York: Ameri-can Bureau of Shipping, 2020.

[36] ABS. Guidance notes on mooring integrity management[Z]. New York: American Bureau of Shipping, 2018.

[37] ABS. Conditions of classification- offshore units and structures[Z]. New York: American Bureau of Shipping, 2022.

[38] HOSSEINI S, BARKER K, RAMIREZ-MARQUEZ J E. A review of definitions and mea-sures of system resilience[J]. Reliability engineering & system safety, 2016, 145: 47-61.

[39] HOLLING C S. Resilience and stability of ecological systems[J]. Annual review of ecology and systematics, 1973, 4(1): 1-23.

[40] AHERN J. From fail-safe to safe-to-fail: sustainability and resilience in the new urban world[J]. Landscape and urban planning, 2011, 100(4): 341-343.

[41] BRUNEAU M, CHANG S E, EGUCHI R T, et al. A framework to quantitatively assess and enhance the seismic resilience of communities[J]. Earthquake spectra, 2003, 19(4): 733-752.

[42] HAIMES Y Y. On the definition of resilience in systems[J]. Risk analysis, 2009, 29(4): 498-501.

[43] BAKKENSEN L A, FOX-LENT C, READ L K, et al. Validating resilience and vulnerabil-ity indices in the context of natural disasters[J]. Risk analysis, 2017, 37(5): 982-1004.

[44] 余建星,吴静怡,余杨,等. 局部系泊失效下的 TLP 平台鲁棒性评估方法研究[J]. 天津大学学报(自然科学与工程技术版), 2020, 53(7): 713-724.

[45] VUGRIN E D, WARREN D E, EHLEN M A. A resilience assessment framework for infra-structure and economic systems: quantitative and qualitative resilience analysis of petro-chemical supply chains to a hurricane[J]. Process safety progress, 2011, 30(3): 280-290.

[46] FRANCIS R, BEKERA B. A metric and frameworks for resilience analysis of engineered and infrastructure systems[J]. Reliability engineering & system safety, 2014, 121: 90-103.

[47] EBELING C E. An introduction to reliability and maintainability engineering[M]. New York: Tata McGraw-Hill Education, 2004.

[48] MOKHTARI M, NADERPOUR H. Seismic resilience evaluation of base-isolated RC build-

ings using a loss-recovery approach[J]. Bulletin of earthquake engineering, 2020, 18（10）: 5031-5061.

[49] ZHANG X, CHEN G, YANG D, et al. A novel resilience modeling method for community system considering natural gas leakage evolution[J]. Process safety and environmental protection, 2022, 168: 846-857.

[50] RESURRECCION J, SANTOS J. Developing an inventory-based prioritization methodology for assessing inoperability and economic loss in interdependent sectors[C]//Proceedings of the 2011 IEEE Systems and Information Engineering Design Symposium. 2011.

[51] BAI Y, WU J, YUAN S, et al. Dynamic resilience assessment and emergency strategy optimization of natural gas compartments in utility tunnels[J]. Process safety and environmental protection, 2022, 165: 114-125.

[52] FANG Y-P, SANSAVINI G. Optimum post-disruption restoration under uncertainty for enhancing critical infrastructure resilience[J]. Reliability engineering & system safety, 2019, 185: 1-11.

[53] NICHOLSON C D, BARKER K, RAMIREZ-MARQUEZ J E. Flow-based vulnerability measures for network component importance: experimentation with preparedness planning [J]. Reliability engineering & system safety, 2016, 145: 62-73.

[54] CIMELLARO G P, TINEBRA A, RENSCHLER C, et al. New resilience index for urban water distribution networks[J]. Journal of structural engineering, 2016, 142（8）: C4015014.

[55] CAI B P, XIE M, LIU Y H, et al. Availability-based engineering resilience metric and its corresponding evaluation methodology[J]. Reliability engineering & system safety, 2018, 172: 216-224.

[56] AYYUB B M. Practical resilience metrics for planning, design, and decision making[J]. ASCE-ASME journal of risk and uncertainty in engineering systems, part A: civil engineering, 2015, 1（3）: 04015008.

[57] CIMELLARO G P, REINHORN A M, BRUNEAU M. Quantification of seismic resilience [C]//Proceedings of the 8th US National conference on Earthquake Engineering. Citeseer, 2006.

[58] BIONDINI F, CAMNASIO E, TITI A. Seismic resilience of concrete structures under corrosion[J]. Earthquake engineering & structural dynamics, 2015, 44（14）: 2445-2466.

[59] CIMELLARO G P, REINHORN A M, BRUNEAU M. Seismic resilience of a hospital system[J]. Structure and infrastructure engineering, 2010, 6（1-2）: 127-144.

[60] PAWAR B, HUFFMAN M, KHAN F, et al. Resilience assessment framework for fast response process systems[J]. Process safety and environmental protection, 2022, 163: 82-93.

[61] TITI A, BIONDINI F, FRANGOPOL D M. Seismic resilience of deteriorating concrete structures[C]//Proceedings of the structures congress 2015. Portland: ASCE, 2015.

[62] ZOBEL C W. Representing perceived tradeoffs in defining disaster resilience[J]. Decision support systems, 2011, 50(2): 394-403.

[63] HAZUS-MH. Multi-hazard Loss Estimation Methodology: Hazus®–MH 2.1 Technical Manual[Z]. AGENCY F E M. Washington, D.C., 2009

[64] SUN L, STOJADINOVIC B, SANSAVINI G. Agent-based recovery model for seismic resilience evaluation of electrified communities[J]. Risk analysis, 2019, 39(7): 1597-1614.

[65] HU J, KHAN F, ZHANG L. Dynamic resilience assessment of the Marine LNG offloading system[J]. Reliability engineering & system safety, 2021, 208.

[66] MOTTAHEDI A, SERESHKI F, ATAEI M, et al. Resilience estimation of critical infrastructure systems: application of expert judgment[J]. Reliability engineering & system safety, 2021, 215: 107849.

[67] TIERNEY K, BRUNEAU M. Conceptualizing and measuring resilience: a key to disaster loss reduction[J]. TR news, 2007, (250): 14-17.

[68] CIMELLARO G P. Improving seismic resilience of structural systems through integrated design of smart structures[D]. New York: State University of New York at Buffalo, 2008.

[69] CIMELLARO G P, REINHORN A M, BRUNEAU M. Framework for analytical quantification of disaster resilience[J]. Engineering structures, 2010, 32(11): 3639-3649.

[70] POULIN C, KANE M B. Infrastructure resilience curves: performance measures and summary metrics[J]. Reliability engineering & system safety, 2021, 216: 107926.

[71] FILIPPINI R, SILVA A. A modeling framework for the resilience analysis of networked systems-of-systems based on functional dependencies[J]. Reliability engineering & system safety, 2014, 125: 82-91.

[72] GALBUSERA L, GIANNOPOULOS G, ARGYROUDIS S, et al. A boolean networks Approach to modeling and resilience analysis of interdependent critical infrastructures[J]. Computer-aided civil and infrastructure engineering, 2018, 33(12): 1041-1055.

[73] CASSOTTANA B, SHEN L, TANG L C. Modeling the recovery process: a key dimension of resilience[J]. Reliability engineering & system safety, 2019, 190:106528.

[74] SHEN L J, CASSOTTANA B, HEINIMANN H R, et al. Large-scale systems resilience: a survey and unifying framework[J]. Quality and reliability engineering international, 2020, 36(4): 1386-1401.

[75] PFLANZ M, LEVIS A. An approach to evaluating resilience in command and control architectures[J]. Procedia computer science, 2012, 8: 141-146.

[76] ADAMS T M, BEKKEM K R, TOLEDO-DURAN E J. Freight resilience measures[J]. Journal of transportation engineering, 2012, 138(11): 1403-1409.

[77] MURINO G, ARMANDO A, TACCHELLA A. Resilience of cyber-physical systems: an experimental appraisal of quantitative measures[C]//Proceedings of the 2019 11th interna-

tional conference on cyber conflict(CyCon). IEEE, 2019.

[78] NAN C, SANSAVINI G. A quantitative method for assessing resilience of interdependent infrastructures[J]. Reliability Engineering & System Safety, 2017, 157: 35-53.

[79] MUGUME S N, GOMEZ D E, FU G T, et al. A global analysis approach for investigating structural resilience in urban drainage systems[J]. Water research, 2015, 81: 15-26.

[80] SPERSTAD I B, KJOLLE G H, GJERDE O. A comprehensive framework for vulnerability analysis of extraordinary events in power systems[J]. Reliability engineering & system safety, 2020, 196: 106788.

[81] ZHAO X, CAI H, CHEN Z, et al. Assessing urban lifeline systems immediately after seismic disaster based on emergency resilience[J]. Structure and infrastructure engineering, 2016, 12(12): 1634-1649.

[82] GOLDBECK N, ANGELOUDIS P, OCHIENG W Y. Resilience assessment for interdependent urban infrastructure systems using dynamic network flow models[J]. Reliability engineering & system safety, 2019, 188: 62-79.

[83] THEKDI S A, SANTOS J. Decision-making analytics using plural resilience parameters for adaptive management of complex systems[J]. Risk analysis, 2019, 39(4): 871-889.

[84] YANG B, ZHANG L, ZHANG B, et al. resilience metric of equipment system: theory, measurement and sensitivity analysis[J]. Reliability engineering & system safety, 2021, 215: 107889.

[85] YARVEISY R, GAO C, KHAN F. A simple yet robust resilience assessment metrics[J]. Reliability engineering & system safety, 2020, 197: 106810.

[86] CHOI J, DESHMUKH A, HASTAK M. Seven-layer classification of infrastructure to improve community resilience to disasters[J]. Journal of infrastructure systems, 2019, 25(2): 04019012.

[87] MOSLEHI S, REDDY T A. Sustainability of integrated energy systems: a performance-based resilience assessment methodology[J]. Applied energy, 2018, 228: 487-498.

[88] PUMPUNI-LENSS G, BLACKBURN T, GARSTENAUER A. Resilience in complex systems: an agent-based approach[J]. Systems engineering, 2017, 20(2): 158-172.

[89] HAN L, ZHAO X, CHEN Z, et al. Assessing resilience of urban lifeline networks to intentional attacks[J]. Reliability engineering & system safety, 2021, 207: 107346.

[90] HENRY D, RAMIREZ-MARQUEZ J E. Generic metrics and quantitative approaches for system resilience as a function of time[J]. Reliability engineering & system safety, 2012, 99: 114-122.

[91] HE X, YUAN Y B. A framework of identifying critical water distribution pipelines from recovery resilience[J]. Water resources management, 2019, 33(11): 3691-3706.

[92] ZENG Z, FANG Y-P, ZHAI Q, et al. A Markov reward process-based framework for resil-

ience analysis of multistate energy systems under the threat of extreme events[J]. Reliability engineering & system safety, 2021, 209: 107443.

[93] LEE S, SHIN S, JUDI D R, et al. Criticality analysis of a water distribution system considering both economic consequences and hydraulic loss using modern portfolio theory[J]. Water, 2019, 11(6): 1222.

[94] KILANITIS I, SEXTOS A. Integrated seismic risk and resilience assessment of roadway networks in earthquake prone areas[J]. Bulletin of earthquake engineering, 2019, 17(1): 181-210.

[95] BRUNEAU M, REINHORN A. Overview of the resilience concept[C]//Proceedings of the Proceedings of the 8th US national conference on earthquake engineering. 2006.

[96] OUYANG M, DUEÑAS-OSORIO L, MIN X. A three-stage resilience analysis framework for urban infrastructure systems[J]. Structural safety, 2012, 36-37: 23-31.

[97] 卢啸. 钢筋混凝土框架核心筒结构地震韧性评价[J]. 建筑结构学报, 2021(5): 55-63.

[98] 李倩, 郭恩栋, 李玉芹, 等. 供水系统地震韧性评价关键问题分析[J]. 灾害学, 2019, 34(2): 83-88.

[99] BERKELEY A, WALLACE M, COO C. A framework for establishing critical infrastructure resilience goals[J]. Final report, recommendations by the council, national infrastructure advisory council. 2010.

[100] SARWAR A, KHAN F, ABIMBOLA M, et al. Resilience analysis of a remote offshore oil and gas facility for a potential hydrocarbon release[J]. Risk analysis, 2018, 38(8): 1601-1617.

[101] SARWAR A, KHAN F, JAMES L, et al. Integrated offshore power operation resilience assessment using object oriented Bayesian network[J]. Ocean engineering, 2018, 167: 257-266.

[102] TOROGHI S S H, THOMAS V M. A framework for the resilience analysis of electric infrastructure systems including temporary generation systems[J]. Reliability engineering & system safety, 2020, 202: 107013.

[103] PILANAWITHANA N M, FENG Y, LONDON K, et al. Developing resilience for safety management systems in building repair and maintenance: a conceptual model[J]. Safety science, 2022, 152: 105768.

[104] VUGRIN E D, WARREN D E, EHLEN M A, et al. A framework for assessing the resilience of infrastructure and economic systems[J]. Sustainable and resilient critical infrastructure systems, 2010: 77-116.

[105] PEÑALOZA G A, TORRES FORMOSO C, Abreu Saurin T. A resilience engineering-based framework for assessing safety performance measurement systems: a study in the construction industry[J]. Safety science, 2021, 142: 105364.

[106] HOLLNAGEL E. Safety-II in practice: developing the resilience potentials[M]. Oxford-

shire：Taylor & Francis, 2017.

[107] CHEN C, XU L, ZHAO D, et al. A new model for describing the urban resilience considering adaptability, resistance and recovery[J]. Safety science, 2020, 128：104756.

[108] WILKIE D, GALASSO C. A probabilistic framework for offshore wind turbine loss assessment[J]. Renewable energy, 2020, 147：1772-1783.

[109] LIANG Y, LIN S, FENG X, et al. Optimal resilience enhancement dispatch of a power system with multiple offshore wind farms considering uncertain typhoon parameters[J]. International journal of electrical power and energy systems, 2023, 153：109337.

[110] GÖTEMAN M, SHAHROOZI Z, STAVROPOULOU C, et al. Resilience of wave energy farms using metocean dependent failure rates and repair operations[J]. Ocean engineering, 2023, 280：114678.

[111] RAMADHANI A, KHAN F, COLBOURNE B, et al. Resilience assessment of offshore structures subjected to ice load considering complex dependencies[J]. Reliability engineering and system safety, 2022, 222：108421.

[112] LI H, XIAO X, ZHANG J, et al. Two-stage robust unit commitment with wind farms and pumped hydro energy storage systems under typhoons[C]//Proceedings of the 2022 17th International Conference on Control, Automation, Robotics and Vision. Institute of Electrical and Electronics Engineers Inc., 2022.

[113] LIU M, QIN J, LU D G, et al. Towards resilience of offshore wind farms：a framework and application to asset integrity management[J]. Applied energy, 2022, 322：119429.

[114] KÖPKE C, MIELNICZEK J, STOLZ A. Testing resilience aspects of operation options for offshore wind farms beyond the end-of-life[J]. Energies, 2023, 16(12)：4771.

[115] CAI B P, ZHANG Y P, YUAN X B, et al. A dynamic-Bayesian-networks-nased resilience assessment approach of structure systems：subsea oil and gas pipelines as a case study[J]. China ocean engineering, 2020, 34(5)：597-607.

[116] YAZDI M, KHAN F, ABBASSI R, et al. Resilience assessment of a subsea pipeline using dynamic Bayesian network[J]. Journal of pipeline science and engineering, 2022, 2(2)：100053.

[117] OKORO A, KHAN F, AHMED S. A methodology for time-varying resilience quantification of an offshore natural gas pipeline[J]. Journal of pipeline science and engineering, 2022, 2(2)：100054.

[118] ADUMENE S, IKUE-JOHN H. Offshore system safety and operational challenges in harsh Arctic operations[J]. Journal of safety science and resilience, 2022, 3(2)：153-168.

[119] CUMMINS W. The impulse response function and ship motions[R]. David Taylor Model Basin Washington D.C., 1962.

[120] MORISON J R, O'BRIEN M P, JOHNSON J W, et al. The force exerted by surface waves on piles[J]. Petroleum transactions aime, 1950, 189(5)：149-154.

[121] HØRTE T, OKKENHAUG S, PAULSHUS Ø. Mooring system calibration of the damaged condition, accidental limit state(ALS)[C]//Proceedings of the International Confer-

ence on Offshore Mechanics and Arctic Engineering, American Society of Mechanical Engineers. 2017.

[122] YU J X, HAO S, YU Y, et al. Mooring analysis for a whole TLP with TTRs under tendon one-time failure and progressive failure[J]. Ocean engineering, 2019, 182: 360-385.

[123] HOUMB O G, OVERVIK T. Parameterization of wave spectra[C]//Proceedings of the first Conference on Behaviors of Offshore Structures（BOSS' 76）. Trondheim, Norway, 1976.

[124] Orcina. UCG 2007-Rayleigh Damping[Z]. 2007

[125] TRAPPER P A. Feasible numerical analysis of steel lazy-wave riser[J]. Ocean engineering, 2020, 195: 106643.

[126] WANG J, DUAN M. A nonlinear model for deepwater steel lazy-wave riser configuration with ocean current and internal flow[J]. Ocean engineering, 2015, 94: 155-162.

[127] CHAI Y, VARYANI K, BARLTROP N. Three-dimensional Lump-Mass formulation of a catenary riser with bending, torsion and irregular seabed interaction effect[J]. Ocean engineering, 2002, 29（12）: 1503-1525.

[128] 王金龙, 段梦兰, 田凯. 海流作用下的深水懒波型立管形态研究[J]. 应用数学和力学, 2014, 35（9）: 959-968.

[129] API. Design of risers for floating production systems（FPSs）and tension-leg platforms（TLPs）: API-RP-2RD[S]. Washington, D.C.: American Petroleum Institute, 1998.

[130] 单桂敏. 新型深水系泊系统疲劳破坏分析[D]. 天津: 天津大学, 2010.

[131] 姚卫星. 结构疲劳寿命分析[M]. 北京:科学出版社, 2019.

[132] STIFF J, FERRARI J, KU A, et al. Comparative risk analysis of two FPSO mooring configurations[C]//Proceedings of the Offshore technology conference. 2003.

[133] CORNELL C A, JALAYER F, HAMBURGER R O, et al. Probabilistic basis for 2000 SAC federal emergency management agency steel moment frame guidelines[J]. Journal of structural engineering, 2002, 128: 526-533.

[134] KIM M H, ZHANG Z. Transient effects of tendon disconnection on the survivability of a TLP in moderate-strength hurricane conditions[J]. International journal of naval architecture and ocean engineering, 2009, 1（1）: 13-19.

[135] DASTAN DIZNAB M A, MOHAJERNASSAB S, SEIF M S, et al. Assessment of offshore structures under extreme wave conditions by modified endurance wave analysis[J]. Marine structures, 2014, 39: 50-69.

[136] 史道济. 实用极值统计方法[M]. 天津:天津科学技术出版社, 2006.

[137] SENGUPTA B, AHMAD S. Reliability assessment of tension leg platform tethers under nonlinearly coupled loading[J]. Reliability engineering & system safety, 1996, 53（1）: 47-60.

[138] TABESHPOUR M R, AHMADI A, MALAYJERDI E. Investigation of TLP behavior under tendon damage[J]. Ocean engineering, 2018, 156: 580-595.

[139] LI X, YANG M, CHEN G. An integrated framework for subsea pipelines safety analysis considering causation dependencies[J]. Ocean engineering, 2019, 183: 175-186.

[140] ZELENY M. Multiple criteria decision making[J]. Journal of the operational research society, 1975, 26(2): 343-344.

[141] YU Y, WU J, YU J X, et al. Probabilistic robustness assessment for a tlp under mooring failure considering uncertainties[C]//Proceedings of the Fourteenth ISOPE Pacific/Asia Offshore Mechanics Symposium. Dalian, China: International Society of Offshore and Polar Engineers, 2020.

[142] EATOCK-TAYLOR R, JEFFERYS E R. Variability of hydrodynamic load predictions for a tension leg platform[J]. Ocean engineering, 1986, 13(5): 449-490.

[143] KESHTEGAR B, MIRI M. Reliability analysis of corroded pipes using conjugate HL-RF algorithm based on average shear stress yield criterion[J]. Engineering failure analysis, 2014, 46: 104-117.

[144] API. Line pipe[Z]. Washington, D.C.: American Petroleum Institute, 2018.

[145] MENG H, AN X. Dynamic risk analysis of emergency operations in deepwater blowout accidents[J]. Ocean engineering, 2021, 240: 109928.

[146] MITOULIS S A, ARGYROUDIS S A, LOLI M, et al. Restoration models for quantifying flood resilience of bridges[J]. Engineering structures, 2021, 238: 112180.

[147] YU J X, ZHONG D, REN B, et al. Probabilistic risk analysis of diversion tunnel construction simulation[J]. Computer-aided civil and infrastructure engineering, 2017, 32(9): 748-771.

[148] BALTA G C K, DIKMEN I, BIRGONUL M T. Bayesian network based decision support for predicting and mitigating delay risk in TBM tunnel projects[J]. Automation in construction, 2021, 129: 103819.

[149] MA K-T, LUO Y, KWAN T, et al. Chapter 14 - integrity management[M]//MA K-T, LUO Y, KWAN T, et al. Mooring System Engineering for Offshore Structures. Amsterdam: Gulf Professional Publishing, 2019: 281-297.

[150] WU J, YU Y, YU J X, et al. Restoration models for quantifying resilience of FPS under mooring failure[C]//Proceedings of the ASME 2022 41st International Conference on Ocean, Offshore and Arctic Engineering. Hamburg, Germany: ASME, 2022.

[151] FORCAEL E, MORALES H, AGDAS D, et al. Risk identification in the chilean tunneling industry[J]. Engineering management journal, 2018, 30(3): 203-215.

[152] JI C, SU X, QIN Z, et al. Probability analysis of construction risk based on noisy-OR gate Bayesian networks[J]. Reliability engineering & system safety, 2022, 217: 107974.

[153] WANG F, LI H, DONG C, et al. Knowledge representation using non-parametric Bayesian networks for tunneling risk analysis[J]. Reliability engineering & system safety, 2019, 191: 106529.

[154] SUN Y, ZHANG Q, YUAN Z, et al. Quantitative analysis of human error probability in high-speed railway dispatching tasks[J]. Ieee access, 2020, 8: 56253-56266.

[155] YU X, LIANG W, ZHANG L, et al. Risk assessment of the maintenance process for onshore oil and gas transmission pipelines under uncertainty[J]. Reliability engineering &

system safety, 2018, 177: 50-67.

[156] ÖKMEN Ö, ÖZTAŞ A. Construction project network evaluation with correlated schedule risk analysis model[J]. Journal of construction engineering and management, 2008, 134 (1): 49-63.

[157] WANG A M, RONG P, ZHU S. Recovery and re-hookup of liu hua 11-1 FPSO mooring system[C]//Proceedings of the Offshore Technology Conference. OnePetro, 2009.

[158] JAUN S, AHRENS B. Evaluation of a probabilistic hydrometeorological forecast system [J]. Hydrology and earth system sciences, 2009, 13(7): 1031-1043.

[159] SUN Z, LI Z, GONG E, et al. Estimating human error probability using a modified cream[J]. Reliability engineering & system safety, 2012, 100: 28-32.

[160] SCHEXNAYDER C, KNUTSON K, FENTE J. Describing a beta probability distribution function for construction simulation[J]. Journal of construction engineering and management, 2005, 131(2): 221-229.

[161] WILSON J R, VAUGHAN D K, NAYLOR E, et al. Analysis of space shuttle ground operations[J]. Simulation, 1982, 38(6): 187-203.

[162] HAHN G J, SHAPIRO S S. Statistical models in engineering[M]. New York: Wiley, 1967.

[163] MCBRIDE W J, MCCLELLAND C W. PERT and the beta distribution cream[J]. IEEE transactions on engineering management, 1967(4): 166-169.

[164] YU J X, ZENG Q, YU Y, et al. An intuitionistic fuzzy probabilistic Petri net method for risk assessment on submarine pipeline leakage failure[J]. Ocean engineering, 2022, 266: 112788.

[165] YU J X, WU S, YU Y, et al. Process system failure evaluation method based on a Noisy-OR gate intuitionistic fuzzy Bayesian network in an uncertain environment[J]. Process safety and environmental protection, 2021, 150: 281-297.

[166] VARGHESE A, KURIAKOSE S. Centroid of an intuitionistic fuzzy number[J]. Notes on intuitionistic fuzzy sets, 2012, 18(1): 19-24.

[167] LIN P H, WANG N Y. Stochastic post-disaster functionality recovery of community building portfolios I: modeling[J]. Structural safety, 2017, 69: 96-105.

[168] YOUNESI A, SHAYEGHI H, SAFARI A, et al. Assessing the resilience of multi microgrid based widespread power systems against natural disasters using Monte Carlo simulation [J]. Energy, 2020, 207: 118220.

[169] CAO Y S, LIU S F, FANG Z G, et al. Modeling ageing effects for multi-state systems with multiple components subject to competing and dependent failure processes[J]. Reliability engineering & system safety, 2020, 199: 106890 .

[170] DEHGHANI N L, FERESHTEHNEJAD E, SHAFIEEZADEH A. A Markovian approach to infrastructure life-cycle analysis: modeling the interplay of hazard effects and recovery [J]. Earthquake engineering & structural dynamics, 2021, 50(3): 736-755.

[171] DHULIPALA S L N, BURTON H V, BAROUD H. A Markov framework for generalized

post-event systems recovery modeling: from single to multihazards[J]. Structural safety, 2021, 91: 102091.

[172] LIU H, TATANO H, PFLUG G, et al. Post-disaster recovery in industrial sectors: a Markov process analysis of multiple lifeline disruptions[J]. Reliability engineering & system safety, 2021, 206: 107299.

[173] ELDOSOUKY A, SAAD W, MANDAYAM N. Resilient critical infrastructure: Bayesian network analysis and contract-based optimization[J]. Reliability engineering & system safety, 2021, 205: 107243.

[174] ZENG Z, DU S, DING Y. Resilience analysis of multi-state systems with time-dependent behaviors[J]. Applied mathematical modelling, 2021, 90: 889-911.

[175] ZHAO S, LIU X, ZHUO Y. Hybrid hidden Markov models for resilience metrics in a dynamic infrastructure system[J]. Reliability engineering & system safety, 2017, 164: 84-97.

[176] ROSS S M. Introduction to probability models[M]. 10th ed.. New York: Academic Press, 2010.

[177] SMEDLEY P, PETRUSKA D. Comparison of global design requirements and failure rates for industry long term mooring systems[C]//Proceedings of the Proceedigns of the Offshore Structural Reliability Conference. 2014.

[178] OUYANG M, DUENAS-OSORIO L. Multi-dimensional hurricane resilience assessment of electric power systems[J]. Structural safety, 2014, 48: 15-24.

[179] 李莉, 谢里阳, 何雪浤, 等. 疲劳加载下金属材料的强度退化规律[J]. 机械强度, 2010, 32(6): 967-971.

[180] BSI. Guide to fatigue design and assessment of steel products[Z]. BSI Standards Limited, 2015.

[181] ETI M C, OGAJI S O T, PROBERT S D. Integrating reliability, availability, maintainability and supportability with risk analysis for improved operation of the Afam thermal power-station[J]. Applied energy, 2007, 84(2): 202-221.

[182] H. PAUL BARRINGER P E, WEBER D P. Life cycle cost tutorial[C]//Proceedings of the Fifth international conference on process-plant reliability, Maarriost Houston Westside. Houston, Texas, 1996.

[183] DHULIPALA S N. Dysfunctionality hazard curve: risk-based tool to support the resilient design of systems subjected to multihazards[C]//ASCE-ASME Journal of Risk and Uncertainty in Engineering Systems, Part A: Civil Engineering. 2021.

[184] WU J, YU Y, YU J X, et al. A markov resilience assessment framework for tension leg platform under mooring failure[J]. Reliability engineering & system safety, 2023: 108939.

[185] 朱海山, 李达. 陵水 17-2 气田 "深海一号" 能源站总体设计及关键技术研究[J]. 中国海上油气, 2021, 33(3): 160-169.

[186] 侯静, 刘孔忠, 熊刚. "海洋石油 201" 用于陵水 17-2 气田深水钢悬链立管铺设的可行性分析[J]. 中国海上油气, 2020, 32(6): 150-157.

[187] DNV. Marine and machinery systems and equipment：DNV-OS-D101[S]. Oslo：DNV, 2021.

[188] MARDFEKRI M, GARDONI P. Multi-hazard reliability assessment of offshore wind turbines[J]. Wind energy, 2015, 18（8）：1433-1450.

[189] ATTOH-OKINE N O, COOPER A T, MENSAH S A. Formulation of resilience index of urban infrastructure using belief functions[J]. IEEE systems journal, 2009, 3（2）：147-153.

[190] AYYUB B M. Systems resilience for multihazard environments：definition, metrics, and valuation for decision making[J]. Risk analysis, 2014, 34（2）：340-355.

[191] HUANG H W, ZHANG D M. Resilience analysis of shield tunnel lining under extreme surcharge：characterization and field application[J]. Tunnelling and underground space technology, 2016, 51：301-312.

[192] REED D A, KAPUR K C, CHRISTIE R D. Methodology for assessing the resilience of networked infrastructure[J]. IEEE systems journal, 2009, 3（2）：174-180.

[193] SANGAKI A H, ROFOOEI F R, VAFAI H. Probabilistic integrated framework and models compatible with the reliability methods for seismic resilience assessment of structures [C]//Proceedings of the Structures. Elsevier, 2021.

[194] 林星涛, 陈湘生, 苏栋, 等. 考虑多次扰动影响的盾构隧道结构韧性评估方法及其应用 [J]. 岩土工程学报, 2022（4）：44.

[195] 郑姝婷. 基于贝叶斯网络的地铁列车制动系统可靠性分析[D]. 北京：北京交通大学, 2018.

[196] 吴翔飞. 水下井口全寿命动态风险评估方法研究[D]. 青岛：中国石油大学（华东）, 2019.

[197] 马云鹏. 基于贝叶斯网络的深水防喷器系统可靠性评估方法研究[D]. 青岛：中国石油大学（华东）, 2017.

[198] 李玉莲. 基于动态贝叶斯网络的海洋平台火灾概率预测[D]. 青岛：中国石油大学（华东）, 2016.

[199] 魏晓锋. 基于层次分析法的深海平台钢悬链线立管风险评估[D]. 大连：大连理工大学, 2013.

[200] 王战勇, 李刚, 方新, 等. 柱塞流和水锤荷载的应力模拟方法[J]. 石油工程建设, 2011, 37（1）：8-11, 15-16.

[201] 余建星, 袁祺伟, 余杨, 等. 地震断层对管道压溃压力的影响[J]. 世界地震工程, 2020, 36（2）：180-190.

[202] 孙齐磊. 材料腐蚀与防护[M]. 北京：化学工业出版社, 2015.

[203] TEBBETT I E. The last five years' experience in steel platform repairs[C]//Proceedings of the offshore technology conference. 1987.

[204] 董双妹. 半潜式海洋平台风险评估[D]. 镇江：江苏科技大学, 2012.

[205] 梁瑞, 车雪丽, 王芳钰, 等. 海洋平台立管风险管理研究[J]. 当代化工, 2015, 44（7）：1573-1576.

[206] 宋青武. 海洋立管风险评价与安全措施研究[D]. 天津: 天津大学, 2009.

[207] 傅一钦. 深水柔性立管系统的安全评估和完整性管理研究[D]. 天津: 天津大学, 2020.

[208] YOUN B D, HU C, WANG P F, et al. Resilience-driven system design of complex engineered systems[C]//Proceedings of the ASME International Design Engineering Technical Conferences / Computers and Information in Engineering Conference（IDETC/CIE）. Washington, DC, 2011.

[209] SHEFFI Y, RICE J B. A supply chain view of the resilient enterprise[J]. Mit sloan management review, 2005, 47(1）: 41-48.

[210] LI J X, XI Z M, ASME. Engineering recoverability: a new indicator of design for engineering resilience[C]//Proceedings of the ASME Design Engineering Technical Conferences and Computers and Information in Engineering Conference(DETC). Buffalo, NY, 2014.

[211] ZHANG Y P, CAI B P, LIU Y L, et al. Resilience assessment approach of mechanical structure combining finite element models and dynamic Bayesian networks[J]. Reliability engineering & system safety, 2021, 216: 108043.

[212] LARGURA JUNIOR L C, PIANA L A, CRAIDY P D S. Evaluation of premature failure of links in the docking system of a FPSO[C]//Proceedings of the International Conference on Offshore Mechanics and Arctic Engineering. Rotterdam, Netherlands: The American Society of Mechanical Engineers, 2011.